洛克菲勒家族傳

解讀「七代帝國」的財富密碼

王健平/著

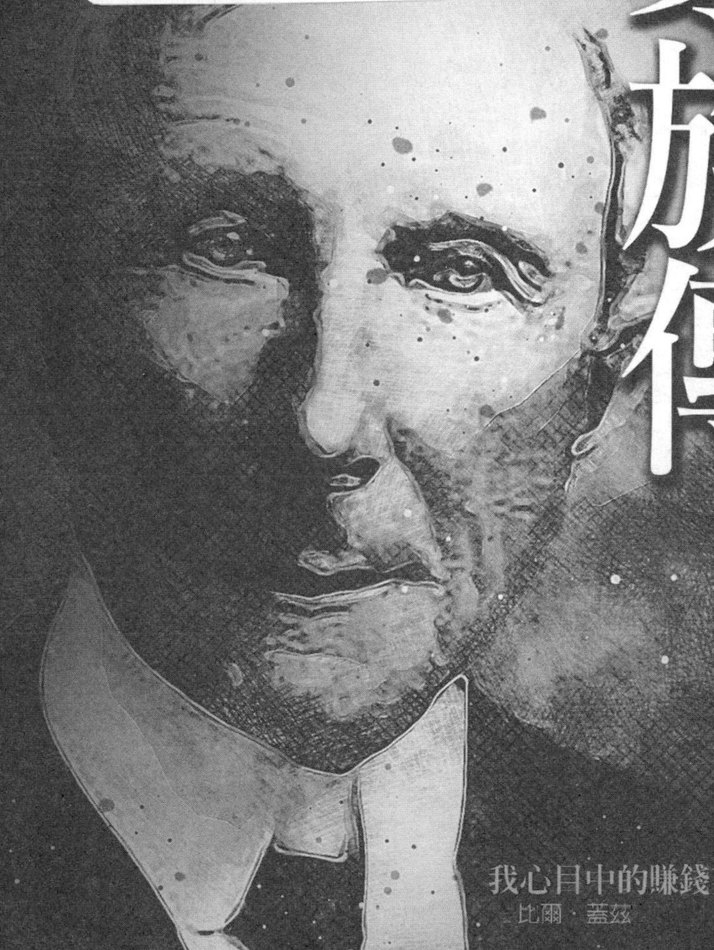

我心目中的賺錢英雄只有一個，那就是洛克菲勒

—比爾．蓋茲

如果把我剝得一無所有丟在沙漠的中央，只要一
駝隊經過我就可以重建整個王朝。—約翰．洛克菲勒

「洛克菲勒家族」就是「美國財富和權力」的象徵

洛克菲勒家族，開創了世界上首個托拉斯組織，這種壟斷組織形式就佔了美國經濟的90%，建立的標準石油公司還曾壟斷了美國85年的石油生產，造就了美國歷史上一個獨特的時代——壟斷時代。強大到遭美國政府強行拆分成了34家公司，但拆分後標準石油公司及其繼承公司，反成為世界上最大的 7 家跨國石油公司，至今仍支配著世界石油產業。

洛克菲勒家族，擁有一個龐大的金融網，以大通曼哈頓銀行為核心，掌控百餘家金融機構並直接或間接控制了許多跨國企業，在冶金、化學、橡膠、汽車、食品、航空運輸、電訊事業等各經濟命脈以及軍火工業中占有重要地位。

前言

耶誕節是紐約最繁華、最忙碌的時候。從十一月末開始，每條街道、每家商店，都忙碌地張燈結綵，迎接一年一度歡慶時分的到來。

為了這個節日，紐約市每年都會派出專人，趕赴周邊各地，如選美般找到一棵最完美的聖誕樹。這棵樹必須高大挺拔、枝葉茂盛，同時還要生長勻稱。一旦確定之後，這棵幸運的樹木就會被運到洛克菲勒中心的無線電娛樂城大門前，隨後被掛滿數萬盞彩燈，再被飾以一個光芒四射的水晶「星星」。

十一月二十九日，夜幕降臨後，點燈活動如同小型狂歡般展開。先是由來自全美的藝術家們表演節目，組成歡快的前奏。到晚上九時，氣氛達到頂點，來自全世界的數萬民眾齊聲喊出倒屬數計時，一瞬間，火樹銀花綻放在歡呼和尖叫聲中。在場的貴賓大聲宣布，紐約正式進入了慶祝聖誕和新年的日子。

此時此刻，每一雙眼眸盡收美好景色，人人都沉醉在不知今夕何夕的幸福感之中。但如果他們能將目光從這裡暫時移開，遠眺整個街區，就能看到十幾棟摩天大廈高聳入雲，既帶著不可動搖的傳統氣息，又煥發著勃勃的生機，默默地守護著紐約市第五大道的這片節日氣氛。並沒有多少人會想到，他們腳下的這片「城中之城」，與一個著名的家族曾經有那樣緊密的聯繫，它曾經被他們視作驕傲與榮耀。

這個家族，就是本書的主角——洛克菲勒家族。

巨富財團

洛克菲勒，是美國歷史上實力最強的財團之一，由約翰・戴維・洛克菲勒創建。一八六三年，老洛克菲勒在克里夫蘭開辦煉油廠，一八七〇年他組建標準石油公司，透過合法手段基礎上的巧取豪奪，很快壟斷美國的石油工業，獲得巨額利潤，並投資金融業和製造業，經濟實力發展迅猛。

在一九三五年，洛克菲勒財團的資產總額僅六十六億美元，至一九六〇年增長至八百二十六億美元，其後又繼續獲得了巨大發展，一九七四年資產總額增長到三千三百零五億美元。美國最大的石油公司有十六家，其中有八家屬於該家族旗下。洛克菲勒創建的石油帝國及其繼承者，始終是全世界石油行業中最大的企業。由此，該家族前三代成員中，最不缺乏的就是億萬富翁。

祖父老約翰・洛克菲勒白手起家，創辦了標準石油公司，壟斷全美九〇%以上的煉油、輸油量以及二五％的原油開採，因此被稱為「世界石油大王」。

父親小約翰・洛克菲勒繼承了父親的衣缽和財富，建立了洛克菲勒基金會，並苦心孤詣一手打造出洛克菲勒中心。

第三代以大衛・洛克菲勒為代表，他雖然個人名義下只有三十二億美元財產，卻通過種種有形無形的關係，控制了花旗銀行、大通曼哈頓銀行、曼哈頓地產（例如著名的世貿雙子星大廈、洛克菲勒中心）、標準石油公司、洛克希德・馬丁軍火公司、諾斯洛普・格魯曼軍火公司這些市值數千億美元的超級國際企業。

因此，無論洛克菲勒家族是否刻意低調隱藏實力，或者其家族後代是否選擇走上不同的人生道路，人們都理應清楚，他們是當之無愧的豪門，始終代表著能夠影響美國乃至全球政治經濟發展的一群人。

托拉斯巔峰

無論他們自己是否承認，洛克菲勒家族最重要的成功良機，都來自於老約翰・洛克菲勒創建托拉斯的設想和行動。

托拉斯（Trust），企業壟斷組織的高級形式之一，由許多生產同類商品的企業或產品有密切關係的企業合併組成，旨在壟斷銷售市場、爭奪原料產地和投資範圍，加強競爭力量，以獲取高額壟斷利潤。參加的企業在生產、商業和法律上都喪失獨立性。托拉斯的董事會統一經營全部的生產、銷售和財務活動，領導權掌握在最大的資本家手中，原企業主成為股東，按其股份取得紅利。

十九世紀末以來，美國的托拉斯迅速發展。而老約翰．洛克菲勒與其標準石油公司的崛起恰逢其時。作為冷靜理智的企業家，老洛克菲勒表現出獨特的雙面性。一方面，他過著清心寡欲的私生活，沒有不良嗜好、衣食簡樸，從不尋歡作樂，即便是最痛恨他的敵人，也找不到他的私人醜聞。但另一方面，他憑藉靈活高超的手段、冷酷無情的作風，不斷吞併美國的石油企業。

當一八八四年洛克菲勒將其掌控的企業定名為標準石油公司時，它已經是全世界最大的石油企業，隨後一系列的吞併，讓這家公司成為全美無與匹敵的石油壟斷巨頭，並進一步贏得了歐亞的龐大市場。標準石油公司雄霸一時，標誌著托拉斯時代的到來。

實際上，洛克菲勒家族經營的托拉斯石油帝國，有其相當獨特的經營方式。在標準石油托拉斯中，老洛克菲勒允許各分公司的主管自行經營，但任何超出五千美元的支出都需要經過核准；整個托拉斯透過一個委員會加以經營管理，委員會每天午餐時都要到紐約百老匯街二十六號聚會商談，決定事情。

正如老洛克菲勒所說：「**我們的慣例在於，沒有共識前，不採取任何重要行動。**」因此，標準石油托拉斯並非由洛克菲勒家族獨裁，而是可以看作是圍繞在該家族周圍一群公司的集合體，它們必須緊密相連，但又各自獨立。在這種新式托拉斯的管理體系下，標準石油托拉斯的營運，依靠各自企業高層主管組成的委員會，再由洛克菲勒家族選定的固定人員加以輔助。不同的委員會成員分別管理製造、生產、運輸、出口如潤滑油和桶罐等容器及國內市場維護等業務。

這種如同分封制度的企業經營模式，如果沒有外來干涉，幾乎可以形成超穩定的結構，持久地延續下去。然而，正所謂樹大招風，過於集中的生產形式和利潤分配，招來了全美從政府到民間的不滿，各種針對洛克菲勒的訴訟與調查不斷發起，老洛克菲勒與他的企業，也在很長時間內被描繪成吸血的魔鬼，富有遠見的批評家則為壟斷對自由市場可能造成的威脅感到憂心忡忡。一九一一年，美國聯邦法院依據一八九〇年的《謝爾曼反托拉斯法》，裁定標準石油托拉斯解散，老洛克菲勒苦心經營的偌大帝國，被分解成為三十四個獨立公司。由此，現代石油行業的藍圖，才徐徐鋪設在人們面前。

政商之網

如果洛克菲勒家族僅憑其依靠經營托拉斯而獲得巨富的歷史，至多也只會因為財產龐大而被人們記住，無從成為歷史上最獨特的家族。事實上，「洛克菲勒」聲名顯赫，在於他們遠非單純的商業家族，而是憑藉無形的政商人際關係，影響了美國和全世界。

早在老洛克菲勒經營早期，他就意識到建設強大人脈的重要性。老洛克菲勒以削價競爭、賄賂政界、威脅鐵路業者、斷絕對手必要耗材（如油罐車、油桶、油管）、收購破產公司等手段去有效打壓對手。但與此同時，他也會採取種種方式拉攏對方，在市場競爭上壓制對手後，洛克菲勒反過來會向對方提出和解，並開出優於市價許多的價錢收購對方資本，可能是現金，可能是股票。如果對方拒絕，他就逼對方破產，後在拍賣中低價搶下資本。如果對手選擇和平妥協，反而能過上殷實的富翁生活，甚至在日後可以成為標準石油的個人大股東。

遊刃有餘的用權手段，催化出不可一世的托拉斯帝國。而在帝國被拆解之後，如此的權謀基因以新的形式展現在老洛克菲勒的孫輩身上：納爾遜・洛克菲勒先後直接服務於杜魯門、艾森豪、福特等總統，他在紐約州州長位置上連任四屆，並在副總統任上退休；大衛・洛克菲勒則成為活躍於國際政壇的銀行家，一生拜會了全球數十位重要的領導人，其中包括赫魯雪夫、狄托、卡斯楚、阿拉法特、巴勒維國王，其涵蓋之廣、交往之深、影響之遠，絕非普通企業家所能企及。

更為重要的事實是，洛克菲勒家族的政商人脈關係網，並非只是個人之間的交往情誼那樣簡單。這個家族擁有培養和資助了無數政治家、商人、科學家、文藝家的洛克菲勒基金會、芝加哥大學、洛克菲勒大學等。幾乎決定了美蘇冷戰後期外交政策的亨利・季辛格，就是洛克菲勒基金會一手栽培的得意門生，更不用說遍布全美各個階層的精英。正是透過如此強大的人際關係網，洛克菲勒基金會先後資助了備受爭議的「節育運動」和「轉基因革命」，深刻影響了美國政府的相關政策。正因如此，即便在公開財富榜上很難找到洛克菲勒的名字，人們依然有理由相信，這個家族始終透過人們難以耳聞目睹的「暗網」，在影響著人類歷史命運的走向，以便創造出他們最願意看到的世界圖景。

家風傳承

古語有云，「富不過三代」。然而，洛克菲勒家族已經走過了近兩個世紀的發展歷程，第六代即將登場。雖然繼大衛・洛克菲勒之後，該家族再未出現名聲斐然的重要人物，但開枝散葉之下，卻湧現出了文化、藝術、科學、醫療、法律、商業等行業的諸多精英，從未出現過一個「敗家子」。茫茫百年，他們究竟是如何做到的？這與其父祖開創的家風有著密切關係。

從老洛克菲勒的童年開始，家族子女接受到的教育就是崇尚節儉、創造財富。大衛・洛克菲勒出生時，雖然他家已有億萬財產，可是父親小約翰・洛克菲勒在兒女的日常零用錢方面卻十分「吝嗇」，他規定，兒女們的零用錢因年齡而異：七、八歲時每週三十美分；十一、二歲時每週一美元；十二歲以上者每週二美元。零用錢每週發放一次。上大學後，子女們零用錢金額也與一般人家的孩子不相上下。除了零用錢外，如有額外開支，則需要向父親申請。

為了培養兒女正確的財富觀，小洛克菲勒會給每個孩子發放小帳本，要他們記清每筆支出的用途，每次領錢時，帳本必須交他審查。

這樣少的零用錢，自然難以滿足自幼出入名校的兒女。小洛克菲勒也為他們創造了「賺錢」的實踐機會。大衛•洛克菲勒很小的時候，就知道自己可以從家庭雜務中賺錢，打蒼蠅、捉老鼠、劈柴、拔草，都有不同的報酬，完成它們，既能夠讓自己獲得金錢的獎勵，也獲得成就的快樂。

在這樣的氛圍中，家族的子女學會了節制並控制欲望。他們自幼就懂得為了心中的目標去自律和奮鬥，即便在收穫之後也能明智地花錢。這種觀念在他們成年之後，體現在整個家族對慈善的熱衷上：祖父創立了洛克菲勒基金會，投入十幾億美元；父親將一生超過半數的財產用於慈善；孫輩則在有生之年捐贈了近二十億美元……從興建聯合國大廈，到解決全世界各地的環保問題、人種問題、難民問題，再到創辦藝術博物館、捐贈無價的藝術品，各種慈善行為和公益活動中，都能看到洛克菲勒家族的身影。

從某種意義上說，洛克菲勒家族的優良家風，不僅受到老洛克菲勒從母親精神世界中繼承的宗教理念的影響，更融進了他們經歷財富帝國幻滅之後的大徹大悟。在老洛克菲勒晚年平靜地接受托拉斯必須被拆分的那一刻開始，他就意識到巨富永遠無法被個人和家族所占有，而小洛克菲勒則更是帶著或多或少「贖罪」的心態，積極奔走於「大蕭條」時期，以決然的態度和堅韌的毅力推動慈善行為，興建洛克菲勒中心去解決就業問題，推動經濟的發展，甚至不惜為此賠上半數身家。沒有對社會發展與個人命運高屋建瓴的認識，洛克菲勒家族很難保持如此的財富觀、教育觀，也不可能在波瀾起伏的近現代，昌盛平安地度過近兩個世紀。

今天，斯人已去，祖孫三代的傳奇故事，於二〇一七年伴隨大衛・洛克菲勒的去世，最終落幕。

目錄 CONTENTS

第二章：時代號角，財富浪潮

第三章：上帝之名，壟斷之道

第四章：石油帝國，雷霆之力

第五章：巨人絕唱，壟斷史上的紀念碑

第六章：權力繼承，王位迎來新主宰

第七章：大戰略之路

第八章：與世界共舞

第九章：「五騎士」名揚寰球

第十章：政商關係

第十一章：共克時艱

第一章

拒絕貧窮，天賦權利

（一八三九—一八五八年）

億萬富翁的平民父母

世上有千萬對不相配的夫妻，億萬富翁約翰・戴維・洛克菲勒的父母恰好是其中一對。

洛克菲勒的父親名叫威廉・艾弗里・洛克菲勒。他的祖先發源於法國南部，後來因為參加宗教改革，被驅逐到萊茵河畔，十八世紀二〇年代，又移居到美國紐澤西州，先後和德國人、英國人聯姻。

繼承了多國血脈的威廉身高體壯、頭腦靈活，綽號「大比爾」。他精於騎射，天生善飲，馳騁時可擊落飛鳥，一次能喝下將近兩斤烈酒。最重要的是，威廉的生意手段十分了得。他販賣食鹽、皮毛、草藥和雜貨，過著四處周遊的浪蕩生活。

一八三五年，他來到離家鄉不遠的紐約州摩拉維亞城外的奈爾斯鎮。他穿著色彩鮮豔的衣服，用琳琅滿目的小商品、令人心動的花言巧語，吸引了農村姑娘伊萊紮。伊萊紮此時正值豆蔻年華，她紅髮碧眼、身材苗條，活潑可愛。由於宗教信仰的關係，她的家庭刻板、傳統、虔誠，威廉的出現給她帶來了不一樣的人生體驗。

一八三七年二月十八日，不顧父親的反對，伊萊紮和威廉在一位朋友家舉行了結婚儀式，隨後二人回到了威廉的家鄉里奇福德鎮。

整個鎮子的人都在談論這場不般配的婚姻，大家覺得，是威廉・洛克菲勒看中了女方家一百五十英畝的土地，這場婚姻，與其說是姻緣巧合，不如說是預謀已久。這場婚姻確實將兩個人品迥異的年輕人捆綁在一起，開啟了兩人長年不和的家庭生活，也鑄就出子女們的矛盾性格。

一八三八年，伊萊紮為威廉生下了第一個孩子露西。同時，威廉也沒有閒著，他還和前任管家南茜有了私生女克羅琳達。

一八三九年七月八日夜裡，一個男孩誕生在家中的臥室，他就是約翰・戴維・洛克菲勒。幾個月後，家裡又有了另一個私生女克妮莉亞。未來美國商業歷史的傳奇人物，就這樣夾在兩個私生姐妹之間，出生在道德不佳的家庭環境中。

兩年內，家裡多了四個嬰兒，威廉對金錢的渴望頓時放大。剛結婚時，他在山裡開了一家鋸木廠，同時還做生意，買賣鹽、皮毛、馬匹和木材，試圖安定下來。寒冬季節裡，威廉經常凌晨四點就帶著從北歐移民來的工人們，到白雪皚皚的森林中伐木，到天黑時分，才將伐下的木材，用馬拉雪橇運到河邊堆起來，等待春季時分編成木筏，順流運到出售地點。

然而不久後，他還是重操舊業，成為游商。他在夜色的掩蓋下，像亡命之徒那樣偷偷出門，誰也不知道他去做什麼、何時回來。當他不在的時候，家人們就只能去小雜貨鋪賒帳，伊萊紮根本不知道什麼時候才能還清欠款，只能節儉度日，並用「浪費令人貧窮」之類的格言來教育孩子們。

幸運的是，威廉總是能回來。他經常參加射擊比賽，然後拿回高額獎金；他善於吹噓誇耀，能用離奇高價賣掉廉價小首飾……每當威廉回來時，他總是光鮮亮麗的模樣，手裡揮舞著鈔票，滿臉得意的笑容，消除了鎮裡關於他被捕的謠言。如此情景，一次次消除了伊萊紮的擔憂，卻無法維持她內心的浪漫情懷。她憂鬱地對表妹嘆息說：「你看天上的月亮！威廉此刻會不會也在看著它？」

伊萊紮是個好妻子。丈夫長年不歸，家裡只能依靠她照看孩子、經營農場和操持家務，她因此而倍感孤獨。總體來說，洛克菲勒家的人可謂鄉野山民，他們嗜酒如命，愛串門聊天，喜歡尋歡作樂，道德觀念現實。威廉的一個弟弟同伊萊紮家的女傭私奔，跑去南達科他州改名換姓地生活；他的另一個弟弟則酗酒度日，甚至與人打賭自己能從鎮子裡走回家而一路上滴酒不沾……

除了婆婆露西，伊萊紮在家中幾乎沒有可親近的人。因此，即便對於越來越暴躁好鬥的「小三」南茜，伊萊紮也有著出人意料的包容，直到威廉將南茜和私生女打發回了娘家。

三年過去了。約翰・洛克菲勒逐漸成長。在鄰居眼中，他雖然不算窮孩子，但依然缺乏照管，成天穿著破衣爛衫，看起來又髒又餓。約翰・洛克菲勒日後回憶起來說：「我記得很清楚，在里奇福德的屋前，不遠處有一條小河流過，我總要小心地避開河流。我還記得母親在里奇福德時的模樣，還有奶奶住在半英里開外的山坡上。」

約翰・洛克菲勒對當地還有另一面印象，他後來說：「想到如果一輩子都待在里奇福德，我就感到不寒而慄。那裡的男人們只是打打獵、釣釣魚、喝一點威士忌，一輩子無所追求。這其實是因為他們缺少宗教信仰的關系。」

母親伊萊紮也不願意洛克菲勒在這裡長大，更何況他又有了弟弟。伊萊紮希望孩子們能擺脫洛克菲勒家吵鬧麻煩的親戚們，而和傳統穩重的娘家人接近。她開始和丈夫商量，是否能搬離里奇福德。

威廉也厭倦了鎮上人對他的眼紅與謠言，他開始計畫購買新居。

威廉從來不相信銀行，他在家裡挖了個地窖，專門儲藏自己「行商」賺來的鈔票。有人曾見過這個地窖，裡面放著一疊疊不同面額的鈔票，全都被麻繩捆紮起來，就像農家的木柴。

一八四三年，威廉帶著家人離開這裡，到了紐約州摩拉維亞鎮定居。他用地窖裡的錢，買下一棟七間房的農舍和周圍九十二英畝土地，足足花費了二千四百美元。

此時他才三十多歲，和同齡人相比，可謂家業有成。伊萊紮也很高興，因為在這裡，她終於感到生活有了些許的不同。

人生，從賺錢開始

在摩拉維亞，威廉儼然是一位遵紀守法的富裕公民，他花錢大手大腳，穿著時髦的衣服，騎著高大的駿馬疾馳而過。他還對鎮上的公共事務十分熱心，例如選定了鎮上學校的位置，帶頭為建設校舍捐錢。此外，他還當上了該鎮戒酒委員會的主任。這種熱心公益的精神，後來也傳給了兒子。

然而，當威廉離家遠行時，他做的事情就不那麼光彩了。他經常駕著滿載貨物的馬車，來到愛荷華州和伊利諾州的邊界銷售。由於那裡是印第安人聚居地，而印第安人將聾啞當作神奇力量的象徵，於是他乾脆裝聾作啞來騙取他們的同情和信任。不過，雜貨生意賺得畢竟不多，於是他又找了一份更有利潤的生意：賣「特效藥」。

威廉每到一個地方，總是會拜訪並賄賂那裡的報社總編，第二天，當地報紙上就會出現人物介紹：「威廉・艾弗里・洛克菲勒，醫術高明，專治絕症，到此行醫濟世。」有著這樣的頭銜，威廉到處推銷他用草藥自製的各種「萬靈藥」，他在人們面前侃侃而談，裝模作樣地將不同草藥配方的功能吹得活靈活現。為了讓大家相信，他還特意叮囑藥物的使用禁忌和方法。在那個年代，落後愚味的放血療法、催瀉療法還在大行其道，人們為了避免痛苦，自然願意相信這些藥物。而威廉也就順理成章地將診療費提高到二十五美元，足足是當時人均月薪資的兩倍。

有了「行醫」之道，威廉更加不屑於做農活。他專門雇人在家裡照顧農場，伊萊紮則會分配些家務讓孩子們做。在母親的影響下，約翰喜歡做農活，課餘時間裡，他砍柴、擠奶、打水、侍弄菜園、去鎮上買東西、在家中無人時照看弟妹……年少的勞動經歷磨練了他，讓他能夠經受以後的創業艱辛。

威廉手頭的錢越來越多，但他並不滿足，又打起了投資股票的主意。那時，美國的經濟聯繫日益緊密。為了防止道路泥濘不堪影響交通，各州都開始在路面上鋪設原木或碎石，尤其是紐約州，河道密布，為了連接水路，木面道路大受歡迎。威廉看好這項事業，於是投資購買了道路公司的股票，並開始重新關注起木材生意來。

威廉的好運未能持續。鐵路很快在美國普及，木面道路即將被歷史淘汰。道路公司的生意一落千丈。持有大額股票的威廉，幾乎走到了破產的邊緣。

經濟上的失意讓威廉大受打擊。一八四九年，他涉嫌強姦家中的黑人女傭，被當地治安官盯上。窘迫之中，他被迫決定賣掉摩拉維亞的宅子和農場，舉家遷到紐約州奧斯威戈的村莊。後來，親戚們越過了阿帕拉契山，集體遷移到賓夕法尼亞州，威廉決定效仿，在一八五三年帶著全家，登上了西行列車，遷居到伊利湖畔的克里夫蘭。

威廉知道，賓夕法尼亞州（簡稱賓州）的佃農比例已經達到了五〇％，而城市附近的土地，早就被農莊主們分割殆盡，他們這樣的新移民，更是不可能有什麼機會。為了孩子們的前途著想，同時也為了從西遷的移民手中賺到更多的錢，他將目標放到了新興的克里夫蘭。此時，約翰・洛克菲勒剛滿十四歲，他的人生圖卷就這樣跟隨父親，向世界徐徐展開。圖卷上的第一筆，就是如何賺錢。

基因的力量是強大的，更何況很早就開始的耳濡目染。早在八、九歲時，威廉就讓洛克菲勒去給家裡選購柴火，他教會兒子怎樣選實心和順直的木頭，凡是帶杈和朽爛的，一根也不能要。洛克菲勒就是在這些家務中，學會了精打細算。

隨後，洛克菲勒又無師自通地學會了賺錢。

當他還是個孩子時，就會按磅買來糖果，然後分成幾小份賣給兄弟姐妹，賺取少許零用錢。七歲那年，他尾隨一隻野生火雞走進森林，等牠搖搖擺擺走開後，就從雞窩裡偷出小火雞，帶回家餵養賣錢。母親為了支援他做這筆生意，還專門提供乳酪餵小火雞。第二年，雞群真的得以擴大了。洛克菲勒非常高興，從不放過觀察牠們成長的機會。等賣掉長大的火雞後，他就將自己賺到的硬幣，存放到壁爐架上的藍瓷碗裡面。

不久後，他將自己積攢的五十美元全部貸給了周圍的農民，利息是每年七・五％。第二年，他拿回了本金以及三・七五美元的利息。當父母要求他到地裡幫工時，洛克菲勒提出要收取每小時

○・三七美元的工價，出人意料的是，他竟然將每天的做工時間都詳盡地記錄在本子上。

在商業道德上，父親也是洛克菲勒的第一任師長。在威廉身上，可以看到十分奇特的兩面性：有時候，他誠實厚道、遵守諾言；有時候，他又搖身變成了信口開河的騙子。威廉以身示範告訴兒子，商業就是一場殘酷的戰爭，只要能夠戰勝對手，無論是怎樣的手段都能夠拿來使用。

有個著名的故事說，威廉為了教孩子們小心陌生人，甚至拿自己舉例。當洛克菲勒還是小孩子的時候，坐在高椅子上，威廉經常伸開臂膀，讓兒子跳到懷中。一次，他故意中途放下胳膊，讓洛克菲勒摔到了地板上。威廉看著哭泣的兒子，近乎冷酷地說：「你要記住，兒子，絕不要完全相信任何人，包括我在內。」不久後，他帶著洛克菲勒經過克里夫蘭的街頭，那裡人群湧動，趕去驗貨和遊行。威廉告誡孩子：「不要管別人在幹什麼，離他們遠一點，做你自己要做的事情。」

此外，威廉還用自己的生意實踐，教會洛克菲勒獨立自主、堅韌強大乃至不擇手段的人生態度。有一次，他想以低於賣方價格一千美元的價格買農場，為了達到目的，他提出要和對方比賽射擊打靶，來決定價格，結果他真的贏了，得到了一千美元的價格優惠。洛克菲勒顯然學會了這些討價還價的手段，此後還將以此獲得成功。

作為管理者，威廉也有一套自己的方式。對手下的伐木工、農場工，他付的工錢多，而且從不拖欠，非常得人心。但他只習慣雇一陣子短工，時候一到，就會彬彬有禮地告訴所有人「我不再需要你們了」，當工人們滿懷遺憾地離開幾天，他又會禮貌地請他們回來。這套招數非常奏效，威廉將之稱為「趕走再雇」的策略。這種方法讓不少人覺得他實在太過奸猾，但洛克菲勒對這種做法非常稱道，覺得這樣做能讓工人們成天提心吊膽地工作，所以工作時就不會沒精打采。

不過，洛克菲勒畢竟還是從父親身上學到了光明磊落的一面。威廉雖然有種種毛病，但他一生中從不拖欠債務，並嚴格相信契約的神聖性，每次都會仔細斟酌合約並嚴格執行。後來，洛克菲勒雖然在從商生涯中被指責有種種罪惡，但他一直以不拖欠債務、嚴格遵守合約而出名。

正是在此時，洛克菲勒形成了自己的金錢觀、商業觀，他告訴別人：「**我越來越清楚地認識到，要讓金錢當我的奴隸，而不能讓我變成金錢的奴隸。**」同時他還和夥伴宣示過這樣的野心：「有一天，等我長大了，我要有十萬美元。我會有的，一定會有那一天的。」十萬美元這個數字，後來出現在不同人的回憶中，洛克菲勒對他們宣示過的內容幾乎完全一樣。人們相信，他對金錢的渴求，在那時就已經超越了絕大多數同齡人。

求學難，求商更難

一八五三年，洛克菲勒跟著父母，搬到了克里夫蘭。那年秋天，父親認為他和弟弟威廉應該重新上學，於是將他們寄宿到伊利大街的伍丁太太家，讓他們開始新的求學生涯。

由於總是在不斷地搬家，洛克菲勒又一次面臨著學校給予的降級待遇。雖然他在紐約州讀了好幾年初中，但新的學校依然只允許他加入初中。為此，自尊心很強的洛克菲勒忍受了看上去其實並不嚴重的「羞辱」，被迫重新學習那些他早已熟悉的課程。

一八五四年，約翰・洛克菲勒十五歲，進入了克里夫蘭中心高中。那時，這間學校只有一幢不起眼的平房，四周是成蔭的大樹和潔白的尖頭柵欄。這間學校奉行自由化的進步教育，洛克菲勒的升學作文表明他確實符合入校標準。在〈自由〉這篇作文中，他提出：「人奴役人，既違反我國的法律，也違背上帝的戒律。」他因此斷言，奴隸制如果不能馬上廢除，就會最終毀滅美國。而只有在公民中普及教育，美國才能進步。為此，洛克菲勒寫道：「過去，只有僧侶和教士才能受教育，正因如此，世界才會停滯不前；只有當人民受到教育，並且學會獨立思考的時候，世界才會有進步。」這樣的廢奴主義和普及教育思想，來自於他從小受到的北方浸禮會福音教派的影響。作為平民家庭出身的學生，洛克菲勒向來對貴族和僧侶有所譴責，在他篤信上帝的心中，認為正是這些人冒用了神的名義，維護自身特權，並壓制那些積極進取的普通人，所以這些人是社會和國家進步的敵人。

洛克菲勒的作文語言，總是條理清楚、表達全面。在學校裡，他平時少言寡語，辯論起來卻說得頭頭是道。因為他總是喜歡用「本人既榮幸又遺憾」這句開場白，同學們便給他起了個綽號，叫「既榮幸又遺憾先生」。他平時嚴肅刻板，從來不大聲說話，也不打打鬧鬧，便又得了個綽號，叫「執事」。洛克菲勒自己更喜歡後一個綽號。他又高又瘦，淺棕色的頭髮總是向後整齊地梳著，衣著一向乾淨而體面。由於將寫字的石板謹慎地抱在胸前，他看起來倒真像學校裡的執事而非學生。

這種嚴肅刻板的態度，讓不少成年人喜歡洛克菲勒。但也有人覺得他頗為討厭，例如一位高中老師就將他說成「最冷酷、最不露聲色和老謀深算的傢伙」。落得這種評價，與洛克菲勒要求別人對待他的態度有關——雖然他只是十多歲的孩子，但他還是希望別人像對待成年人那樣對待他。相反，他很厭煩那些用命令語氣、粗暴態度對待他的大人，因為他的生活能力遠超過周圍同學，而在家中也承擔重任，甚至在銀行也有了自己名下的帳戶，因此他相信「紳士的待遇」是自己應得的。

除此之外，洛克菲勒在上學時，從未表現出任何叛逆色彩。他將學業看成是功利性的，因此儘管學習勤奮，卻並沒有表現出樂在其中的興趣。此時，他最喜歡的科目是數學和音樂。對前者他有很高天賦，畢竟上學之前，他就已經能在家計算經濟上的收支盈虧。而後者，則源自於他的日常興趣：那時家中有一台鋼琴，它是家庭地位和追求的象徵，洛克菲勒為此最多一天能練上六個小時的琴。

洛克菲勒的思考並不僅僅發生在學校。在伍丁太太家的寄宿公寓中，他也不忘與人討論經濟問題。伍丁太太家的女兒叫瑪薩，比他和弟弟威廉‧洛克菲勒要大好幾歲，三個孩子之間經常為許多話題展開熱烈討論，討論內容甚至吸引了伍丁太太參加。他們之間經常爭論的話題是借錢給別人是否應該收取利息。洛克菲勒顯然是支持的，他說，自己給父親一小筆貸款，也會收取利息，利息只相當於他來回坐車的費用。而伍丁太太每次都會表示反對這種做法。後來，洛克菲勒回憶起這些爭論，依然覺得其中牽涉了商業經營方法和倫理道德，他在其中學到的東西，要遠過超課本中那些深奧的知識。

一八五五年前後，洛克菲勒突然決定輟學了。這個決定來自他的父親。

在舉家搬遷到克里夫蘭後不久，威廉又找到了新的獵物，他邂逅了一位年方十七歲的加拿大金髮女郎瑪格麗特，很快與對方陷入情網、難分難捨。由於威廉的魅力，瑪格麗特全家都非常喜歡他，到一八五五年六月，他直接和瑪格麗特在紐約的尼克爾斯結婚，開始了祕密的重婚生活。

當然，威廉不會為了新歡拋棄家庭。一開始，威廉每年只去安大略一次，看望瑪格麗特，這樣能確保妻子和情人之間不會發現。不過，開支的增加是明顯的，威廉捎話給大兒子洛克菲勒，告訴他不要再夢想讀書、上大學、成為牧師，而是準備去工作。

即便不是為了節約開支，威廉也從來不看重書本知識。他覺得大學學位是一種奢侈品，是供有錢人裝點門面用的，沒辦法給平民百姓帶來實惠。真正有進取心的年輕人，大多要去讀商業學校，或者以函授學習的方式來彌補學歷的不足。洛克菲勒很快聽從了父親的建議，花四十美元，在福爾索姆商業學院克里夫蘭分校參加了為期三個月的課程。

這些課程包括複式會計、清晰書寫法，還包括有關銀行、外匯和商法等領域的基礎知識。洛克菲勒非常喜歡這些實用的知識，他沉浸其中，努力學習，三個月很快就結束了。一八五五年夏天，十六歲的他正式結束了學習生涯，準備集中精力，開始自己的職業生涯。

克里夫蘭最年輕的記帳員

一八五五年八月，克里夫蘭酷熱難耐，洛克菲勒冒著烈日，開始求職。他是個農村孩子，但又並非農民，因此滿腦子想的都是擺脫過往生活，進入新的事業與生活圈子。

洛克菲勒的求職方式堪稱獨特。他在家翻開全城工商企業名錄，按照字母順序，篩選出知名度最高的企業作為目標。洛克菲勒只仰慕那些大型企業，例如鐵路公司、銀行和批發貨棧，他根本不考慮其他小企業，覺得那裡無法提供自己成長的土壤。

洛克菲勒去求職的企業，幾乎都集中在叫弗萊茲的繁華城區中。在這裡，凱霍加河河畔布滿了鋸木廠、鑄造廠、倉庫和碼頭，整條河流注入伊利湖中，湖邊停靠著種種汽船和帆船。在這裡，洛克菲勒的求職態度給許多人留下了深刻印象，他每到一處，都會先提出要見級別最高的經理，但這些人大多不在，於是洛克菲勒告訴他們的助手：「我懂會計，我要找個工作。」

這種態度當然不利於求職。洛克菲勒一再被別人拒絕，於是他只好不停地找新的企業。每天早晨八點，他會準時離開住處，身穿黑色衣褲，戴上硬領結或黑領帶，開始新一輪的面試。即便堅硬的路面被太陽晒得滾燙，讓他走得雙腳發痛，但洛克菲勒還是努力地堅持，他知道，如果自己真的找不到工作，就只能回鄉下去和父親務農。一想到這個結果，他就感到莫名緊張，足以讓自己無視所有的打擊和挫折，以至於有些公司他甚至去了兩三趟，詢問同樣的問題：「你們願不願意聘請員工？」

就這樣，求職之路接連進行了六個星期，洛克菲勒終於迎來不錯的結果。

九月二十六日，他走進了休伊特－塔特爾公司。這是一家經營穀物和其他產品銷售的商行，也兼營貨運業。接待他的是合夥人塔特爾，他說商行此時恰好有個記帳員的職位空缺，洛克菲勒可以午飯之後再過來。

洛克菲勒喜出望外，但他克制住內心的衝動，禮貌地和塔特爾說了再見，退出辦公室。剛走過樓梯的拐彎處，他就喜不自禁地一步一跳地走了回去。

午飯之後，洛克菲勒再次來到商行，這次接待他的是大老闆休伊特。他是個相當有財力的資本家，在克里夫蘭擁有不少房產，還擁有一家鐵礦開採公司。他讓洛克菲勒展示了書法，然後同意留下他試試。至於薪資，他一句也沒提，直到三個月之後，洛克菲勒才拿到每月四美元的薪水。

即便如此，洛克菲勒從此還是將這一天看作是他的第二個生日。老年時，他回憶起這一天，還是頗感激動：「我未來的一切，似乎就取決於那一天了。每當我問自己『如果沒得到那個工作會怎樣』的問題時，我經常會渾身顫抖不已。」

的確，作為未來的商業帝國開創者，洛克菲勒真正的事業生涯就是從這一天開始的。在這一天之前，他是來自鄉下的普通少年，身心總是被令人難堪的父親所影響控制，在這一天之後，他走進了浩瀚的商業世界，擺脫了一切荒誕無稽，開始享受真正的自由翱翔。

入職那天，洛克菲勒準備了最好的裝束走進公司。他戴著絲質方帽，穿著條紋牛仔褲，背心上掛著金鏈。同事們將他帶到一張大硬木的舊桌前，桌面上放著一本帳簿。他立刻脫下背心，穿著吊帶褲，開始工作。雖然他只是新手，但因為良好的素質，顯得老練而有條不紊。

在外人看來，這裡的工作環境是枯燥的。桌子上堆放著散發黴味的帳本，抬頭時除了看見繁忙的碼頭，就是凱霍加河上穿梭的平底帆船。由於光線不足，辦公室裡時常要點燃昏暗的鯨油燈。但洛克菲勒依然無比享受工作的每一刻。在每天看似枯燥的工作中，他能夠充分發揮自己的數學天賦，由於年幼時幫母親記過帳，因此在記帳員崗位上，他一開始就顯示出特別的優勢。

對於推崇理性而信仰上帝的洛克菲勒而言，帳本是神賦予人們管理金錢和資產的工具。善待帳本，是因為帳本能戰勝每個人內心的衝動，避免金錢受到情感的盲目支配。同時，帳本還能把控細節，避免混亂，防止貪腐和放縱的罪過。懷著這樣的信念，洛克菲勒對每一筆帳目都謹慎仔細、一絲不苟。之前，每當水電工人來請款時，公司總是按照帳單直接付錢，洛克菲勒卻將所有的項目都核查清楚後再付款。另一次，洛克菲勒發現有個船長總是報告貨物受損，於是他決定著手調查。他核查了所有收據、提貨單和其他單證，發現船長的說法並沒有證據。在他提交了調查結果之後，船長再也沒有虛報過損失。另一件事更讓老闆感到滿意。商行從佛蒙特州購入了一批大理石，但由於三家貨運公司方面的過失，導致這批高等級產品出現了瑕疵。洛克菲勒主動請纓，與各公司談判，順利獲得了他們的賠償。

除了負責日常記帳和辦公之外，洛克菲勒還要負責為老闆休伊特收房租。這件工作非常棘手，而且只有他一個人做。為了催收，他經常面色焦慮但又無比耐心地守候在租客的馬車旁，直到他們交出錢來。顯然，這樣的經歷給洛克菲勒留下了深刻的印象，直到數十年後，他還時常夢見自己依然在催債。

事務繁多，洛克菲勒卻甘之如飴。他每天都要在公司工作很長時間，經常每天早上六點半上班，中午只是隨便買點速食在辦公室吃，吃過晚飯後，他又會回來加班到很晚。在許多人眼中，這個年輕人如同「工作狂」，而他也打算「約束」自我，為此他在日記中寫道：「我要和自己約定，在以後的三十天內，晚上加班不能超過十點……」但顯然，他不可能遵守這樣的「約定」。

由於表現優異，洛克菲勒的月薪很快升為二十五美元。到第二年，他的年薪已是五百美元。此時，公司合夥人之一塔特爾退休了，休伊特更加重用洛克菲勒，除了讓他繼續擔任記帳工作之外，還讓他參與商行的對外聯繫工作，使他能夠接觸到更加廣闊的領域，接觸到來來往往的生意人，瞭解到老闆是如何看待每個商業細節的。這裡的一切，加快了洛克菲勒的成長，指引著他實現自己的宏偉目標。

夢見了階層跨越

洛克菲勒在會計崗位上兢兢業業，並不代表他甘居人下。從工作第一天開始，他就表露出非同常人的人生態度。

開始上班的第一天，洛克菲勒就花了十美分，買下一個紅色小本子。他將之命名為帳本A，隨後每天都在上面詳細記錄自己的收入和開支。每個月，他用薪資的一半支付伍丁太太家的食宿費用，還有付給洗衣婦的錢；由於買不起時髦衣服，他總是從開價便宜的裁縫那裡買衣服……這些費用全都被一筆筆記錄到帳本A上。

當然，帳本A也成為他管理自我生活的工具。洛克菲勒曾經花了二．五美元，買了副裘皮手套，以便換掉舊的毛線手套，但當數字被寫在帳本上，他馬上就後悔了，直到九十歲時，他還能記得這個「錯誤」。另一筆開支也曾讓洛克菲勒感到疑惑，他曾經購買一種叫精製松脂的燈油，價格高達每加侖八十八美分，後來，他直接用這個數字去提醒批評者：在他日後開辦的標準石油公司的努力下，更好的煤油燈油只賣到每加侖五美分。

在當時，許多年輕人都有記帳的習慣，洛克菲勒的帳本縝密嚴格，這並不奇怪。但其中有一個細節讓他顯得與眾不同，那就是慈善行為。

帳本A顯示，洛克菲勒從此時期就熱衷於行善。在工作的第一年裡，他將六%左右的收入，捐給了慈善機構。帳本顯示，當他每天只賺一美元的時候，他就堅持向教會捐款，雖然只是五美分、十美分或者二十五美分的硬幣，卻飽含著他對上帝意旨的熱忱。到一八五九年他二十歲時，隨著收入提高，他捐獻教會的金錢，超過了收入比例的一〇%。這一年，他還直接在辛辛那提給一個黑人錢，以便他為在做奴隸的妻子贖身，第二年，他又分別向一家黑人教會、一個衛理會教堂和一所天主教孤兒院捐款。可以說，在躋身富豪之前，洛克菲勒不但具備了出眾的才華，也展現出與其階層並不相配的慈善天性。這兩大特點彙聚在他身上，並同他熱愛金錢的習性相融。

洛克菲勒毫不掩飾他對金錢的喜愛。後來，他對人分享了自己在休伊特的公司裡，是如何被金錢強烈吸引的。那時，休伊特公司所有的票據都需要經過洛克菲勒接收並整理。這一天，公司收到紐約州南部一家銀行開出的期票，洛克菲勒不經意地瞥了一眼，目光就再也不願離開了，那張期票上清楚地寫著「四千美元」！

四千美元，對於年薪只有數百美元的洛克菲勒而言，不啻一筆巨大的財富。但在老闆休伊特的眼中，那只是一張平常期票而已。當他接過期票之後，就像平常那樣，將它鎖進保險櫃，然後離開了辦公室。等老闆一走，洛克菲勒立即打開保險櫃，重新拿出期票。他撫摸著紙面，張著嘴巴，瞪大眼睛，觀看著自己從未見過的大額財富。過了一會兒，他才戀戀不捨地將期票鎖回保險櫃。那天，洛克菲勒一次次打開保險櫃，像凝視情人那樣，熱切地注視著期票。此時的洛克菲勒還沒到二十歲。從這段往事中，人們能看見他的少年心性。他那時沒有任何不良嗜好，從來沒想過吸菸、喝酒，他甚至不喝咖啡，唯一能讓他如癡如醉的，就是對金錢的追逐感。

洛克菲勒追逐金錢，更關注那些掌握金錢力量的人們。

一八五五年，他閱讀了一本《阿莫斯・勞倫斯日記書信選摘》，作者是新英格蘭的一位紡織廠主，在當地頗有名望。洛克菲勒對他的書信文筆讚嘆有加，並瞭解到勞倫斯喜歡付給別人嶄新鈔票的習慣。於是，他便開始刻意模仿，不僅磨練自己的文筆，還盡可能用新的鈔票付帳，因為這樣能夠帶給對方更多的尊嚴與快樂，而這些甚至能超越金錢本身的價值。

另外，洛克菲勒還認真觀察港口上來往的人們，從他們身上，他學習到低調務實的商業作風。他當時很敬佩一個名叫莫里斯的船運老闆，從他的言行舉止來看，外人很難揣測出其雄厚的財力。而其他商人在做事時，也從不以財欺人。耳濡目染這些優良品質，加上洛克菲勒從母親那學到的勤樸節儉，使得他終身保持著生活方式上的平常心，而能將注意力集中到開創事業上。

推動洛克菲勒追求跨越的，還有他內心的宗教理念。由於從小耳聞目睹父親的種種荒唐，洛克菲勒始終渴望與人性中的罪惡鬥爭，憑藉浸禮派的宗教信仰，他渴望找到能將自己帶往更高層次的精神家園。

當他還在上學時，他就經常和弟弟威廉、房東伍丁太太及她的女兒，一起去伊利大街浸禮會布道教堂做禮拜。這間教堂相當簡陋，白房子上只能看得見鐘塔和狹長的窗子，四周沒有一棵樹木。儘管如此，洛克菲勒在這裡依然被教徒之間溫暖平等的氣氛所吸引，由於浸禮派強調教堂自治，因此這裡的信徒大多是平民，大家相處得非常融洽。在教堂裡，洛克菲勒不僅做禮拜，還積極奉獻力量。他成了主日學校的老師，受託為人免費寫文書、為教堂理事會做會議記錄。在這裡，他願意做一切低下的雜活，幾乎每個星期天都能看到他忙著打掃房間、燒火、點燈，為人們領座、讀經、禱告和唱詩。等大家做完禮拜，陸續離去時，他又為了節省，細心地將蠟燭全部熄滅，只留下一處。

到了二十歲那年，洛克菲勒又為教堂做出了巨大貢獻。

這家小教堂無法自籌資金，只能依靠上一級教堂的支持，洛克菲勒對此很不滿，他認為即便是教堂也應該像企業那樣管理好財務。很快，他的機會出現了：教堂對外有一筆二千美元的抵押貸款難以償付。到了週日，牧師在布道臺上宣布，如果付不起利息，債主就要將教堂收歸己有。教徒們都相當震驚，忐忑不安地離開了教堂，而洛克菲勒就守候在門口。他攔住每個人，要求大家答應認捐的具體數目。為了說服對方，洛克菲勒時而懇求，時而威逼，時而利誘，等對方說出數字之後，他就立即將姓名和錢數記在帳本A上面。當然，洛克菲勒自己也捐出了所有的積蓄。

幾個月後，洛克菲勒籌到了二千美元，教堂保住了。所有人都欽佩他的毅力與熱情，他也因此成為教堂裡的第二號人物。

合夥公司開張

一八五七年，時代的巨輪在迅疾地轉動著。此時，美國國內經濟進入了蕭條期。歐洲克里米亞戰爭的結束，對原本受益於戰爭的美國農民產生嚴重打擊，農產品海外銷量迅速下降。同時，對鐵路債券和土地的瘋狂投機已經長達十年，「博傻」遊戲[注]走到了最後一步，近五千家企業破產，數十萬工人失業。原本令人樂觀的經濟形勢，如同懸崖勒馬一般戛然而止，令許多人大惑不解。

此時，洛克菲勒忙於照顧家庭。父親威廉「暫時」回到了克里夫蘭，他將妻兒們全都接到身邊，兩個兒子也搬出了伍丁太太家，和父母團聚。為此，父親還通知洛克菲勒，要求他出錢補貼家用，並且按月繳納房租，數目和以前付給伍丁太太的一樣。

不久後，父親決定在切爾西大街為全家蓋一棟堅固的磚房。似乎是打好主意從此再也不會回歸家庭，他把這件事全權交給了洛克菲勒。威廉將所需要的錢給了這位長子，又告訴他應該選擇什麼式樣，並讓他自己注意細節：從材料到設計，從雇用建築師到監督蓋成房子。

洛克菲勒沒有辜負父親的希望。他就像個老手那樣，先後從八家建築承包商那裡拿到了報價，並選擇了其中最低的那一個。他非常自信，慎重地審查圖紙、談判合約並簽付帳單。由於洛克菲勒討價還價的能力太強，再加上現場執行讓承包商無法偷工減料，當房子建成時，承包商懊惱地發現，在這個項目上他們毫無疑問地賠了錢。

當房子蓋成之後，洛克菲勒全家終於在克里夫蘭市安頓下來。此後，父親與情婦一起去了費城，而洛克菲勒就成了一家之長。雖然家務繁忙、經濟不景氣，但洛克菲勒並沒有忽視商務。在他的努力下，休伊特公司的業務得到了有效維持。一八五八年，他策劃了自己商業生涯中的第一個經典作品。根據新聞報導，他得出「英國即將發生糧食減產」的結論，於是他果斷行動，提前收購了大量小麥粉、玉米、火腿等加工食品，還有大量食鹽。這個擅自做主的行動，一開始遭到了老闆休伊特的質疑和批評，但不久後，休伊特的臉上樂開了花。原來，糧食歉收確實發生了，洛克菲勒順利地將手中囤積的貨物出口到歐洲，獲得了豐厚的利潤。

初出茅廬，就取得了這樣的成績，讓洛克菲勒一時間成為克里夫蘭港口區冉冉升起的新星。不少人都在談論著他是如何為公司大賺了一筆，而他才剛十八歲。

由於為公司帶來了相當的回報，洛克菲勒決定提出加薪的要求。他直截了當地向休伊特提出，希望能將年薪提高到八百美元。休伊特猶豫了幾週後提出，自己最多只能加到七百美元。在他看來，洛克菲勒的確能力不凡，但畢竟才二十歲不到，如果領取高薪，恐怕難以服眾。

加薪的努力失敗了。與此同時，負責記帳的洛克菲勒發現公司正在走向低谷。休伊特正在將自己手中的房產股份和公司股份進行分離，這說明連老闆都不看好自己公司的未來。洛克菲勒很快將消息告訴了父親，因為父親曾經借給休伊特一千美元貸款。當威廉知道情況後，他立刻闖進了休伊特的辦公室，馬上要回了貸款。或許是被父親的敏銳嗅覺所感染，洛克菲勒也開始思考自己的未來。他並不願意在公司裡混日子，在事業上，他只喜歡走直線：用最少最堅決的付出，獲得最大最持久的收益。就這樣，洛克菲勒在休伊特公司的職業生涯走到盡頭。但洛克菲勒並不感到遺憾，而是信心滿滿。他知道，自己已經瞭解如何在商海中遨遊，而離開公司正當其時。至於去向，洛克菲勒已經想好：創辦一家公司。

不久後，洛克菲勒遇到了莫里斯・克拉克。

克拉克年長他十一歲，是來自英國的移民。他們倆是在福爾索姆商學院時的同學，又都住在切爾西大街。克拉克很欣賞洛克菲勒，認為他具備非同一般的能力和可靠忠實的名聲。此時，克拉克在一家農產品銷售公司工作，同樣對老闆給予的待遇不滿，由於有著類似的職場經歷，兩人一拍即合，對創業的未來產生了共同的期待。克拉克建議說，不如兩人各自籌措二千美元的資本，然後合開一家穀物與牧草公司。洛克菲勒覺得這個領域很適合，便一口答應了。

其實，洛克菲勒那時總共只有八百多美元的積蓄。剩下的一千一百多美元，去哪裡籌集呢？他想到父親威廉曾給過的承諾：不論哪個子女，只要年滿二十一周歲，就能得到他一千美元的贈款。此時他二十歲不到，是否能提前拿到這筆錢呢？

洛克菲勒馬上向父親提出要求。威廉同意了，但他提出了一個條件：在提前支取的一年半期間，必須繳納一〇％的利息。這倒並非他絕情，而是因為在洛克菲勒家中，借款需要利息本來就是常見的事情。而且隨著近年來眾多專業醫生紛紛進入市場，威廉的草藥郎中生意每況越下，威廉、佛蘭克林兩個兒子先後考上大學，也讓家庭支出大增，存款日漸減少。更何況，身為父親，他本來就希望盡可能地讓兒子知道，做任何交易，哪怕是面對家人時，也要尊重市場法則，設法獲得收益，就像他自己說的，這是為了「讓他們更加精明」。

洛克菲勒立刻同意了父親的條件，拿到了夢寐以求的一千美元。一八五八年四月一日，克拉克和洛克菲勒穀物牧草公司在克里夫蘭臨河大街三十二號正式開張。這也是該家族中第一個使用姓氏命名的公司。看到「洛克菲勒」的字樣掛在公司門前的黃銅銘牌上，洛克菲勒心裡很是得意。他說：「自己當老闆的感覺，真是太棒了！我可是一家有四千美元資本公司的合夥人！」在新公司第一天下班之後，他回到位於切爾西大街的家裡，馬上就跪下來，懇求上帝保佑他的新公司。

洛克菲勒也沒有想到，他浩瀚壯美的商業人生即將迎來的起步點，居然是一次賠本的買賣。

注：博傻理論（greater fool theory），指某件商品的價格不取決於其真實價值，而由市場參與者不理性的信念或期望所決定。一個人可能願意為「傻瓜」般的價格買單，是因為他可能相信，該商品之後能被賣給一個「更傻的傻瓜」。

第二章

時代號角，財富浪潮

（一八五八—一八六九年）

第一筆生意就虧本

新公司成立後，洛克菲勒擁有了自己運籌帷幄的天空。他終於能夠放開手腳，按照自己對市場的理解來經營。當時，克里夫蘭的大多數商貿公司，都將市場重點放在國內，希望利用這座城市便利的交通位置，將中西部如加利福尼亞、愛荷華、堪薩斯等州的物資，朝具備工業優勢的東部輸送。然而，洛克菲勒並不想參與到這種激烈的競爭中去，他將目光投向大洋彼岸的歐洲。他清楚地看到，歐洲在工業化程度上領先於美國，那裡的原材料需求更大，同時價格也高於國內市場，克里夫蘭雖然位於美洲大陸，卻具有便利的水路交通，如果能夠將經營中心轉移到歐洲，新公司將會有廣闊的前景。

直到今天，研究洛克菲勒的人幾乎全都承認，他之所以能在日後成為全美首富，登上財富寶座，依靠的正是這種卓爾不群的獨特判斷力。除此以外，還有他超出常人的勇氣和決心。

此時，經過五大湖區的肉類、穀物和其他農產品的運輸量猛增，洛克菲勒和克拉克得以迅速買入賣出大量農產品。公司發出的廣告單頁頗有野心，聲稱他們收購各種穀物、魚類、水、石灰、石膏、粗細晒鹽和乳酪用鹽。不料，風險也隨之而來。

在開業之初，兩個合夥人和西部農場主們簽了一筆合約，預訂了大批的豆子。洛克菲勒相信，只要豆子成熟，就能馬上運送到歐洲出售，藉此使新公司事業一開始就取得好的成績。沒想到，兩個月後，他和克拉克來到倉庫，面對貨物時卻震驚了。他們根本不用尋找，只要隨手撈起一把，就能看到已經癟殼的豆子滾來滾去，似乎在嘲笑洛克菲勒的決定。

洛克菲勒馬上聯繫了賣家，賣家無可奈何地承認，由於天氣原因，農場剛剛經受了一場霜凍，所有穀物損失慘重，豆子也不例外。

情況始料未及，兩個年輕人只好設法應對。他們從繁忙的工作中抽出空，一下班就去倉庫，從豆子中一顆顆挑揀出合格的，再出售。儘管如此，他們還是蒙受了一定的損失。

面對損失，應該怎麼辦？洛克菲勒非常堅定。他認識到，克里夫蘭作為商業貿易中心的戰略地位只會上升，不會因為一次意外而動搖。此時，誰能夠抓住供應方，誰就能在未來操縱市場。為了扭轉局勢，他決定再次借貸，投入到產品收購中。

無疑，對於這樣的初創公司而言，投入貸款購買農業產品期貨，是一種有相當風險的行為。但洛克菲勒堅信自己的看法不會有錯，他馬上找到父親想要借款，可精明的威廉知道公司發展不佳，搶先一步開口要求兒子在年底必須歸還一千美元。

情急之下，洛克菲勒找到克里夫蘭當地一家銀行。銀行行長名叫舒曼•韓迪，他同情這些創業的年輕人，願意接受倉庫收條作為附屬抵押物，向洛克菲勒的公司發放貸款。拿到二千美元貸款，洛克菲勒走在街上如同騰雲駕霧，他在心裡說：「看看吧！銀行居然願意借給我二千美元！我在這一帶已經有影響力了！」

韓迪先生不僅是銀行家，還是當地一所主日學校的校長，他正是從前老闆休伊特那裡，瞭解到洛克菲勒的品行和生活習慣。即便這樣，他還是要求洛克菲勒發誓，絕對不會用這筆錢去做投機生意。洛克菲勒當然照做，他馬上將之投入到新的合約中去。同時，他也意識到，在商海中經營，最重要的還是信譽等級，而一個人的信譽程度如何，取決於他日常生活中表現出的品行可靠度。毋庸諱言，洛克菲勒在伊利大街浸禮會布道教堂的表現，也讓他擁有了足夠的品行可靠度。

洛克菲勒並沒有因此滿足。他工作非常勤奮，節奏很快。拿到貸款之後，他雇了人來管帳，自己騰出時間，到俄亥俄州和印第安那州，四處招攬生意。他宣傳公司的方法非常實誠，總是走進客戶公司，送上名片，然後坦誠地告訴對方，自己並不是有意來打擾，只是想來提一個不錯並且會對對方有好處的建議。當會談結束時，洛克菲勒也建議客戶不需要馬上做出決定，而請他好好考慮一下，隨後再來討論想法。

洛克菲勒這種老派的商業作風，很受鄉村中老年客戶的欣賞。隨著他四處奔波的半徑逐漸擴大，要求代理貨物貿易的訂單紛至沓來，讓公司業務蒸蒸日上。不過，也有人不喜歡他為了生意而表現出的那股不達目的不甘休的行為。有一段時間，洛克菲勒發現火車站總是沒有足夠的車廂來承運農產品，於是經常找負責調撥的鐵路官員，最後，這位年齡不小的官員被他「糾纏」得忍無可忍，只好用手指指著他嚴厲斥責道：「小夥子，你得明白，我可不是替你跑腿的！」當然，最終洛克菲勒還是拿到了自己想要的車廂。

大部分時間內，他的這種耿直脾氣還是帶來了好處。

有一天，公司裡最好的客戶走進辦公室，直接對洛克菲勒提出了建議：「嗨，約翰，這一次我們破個例，先把錢交給我，提單隨後我再拿來給你。」洛克菲勒沉下臉來，他從來沒有想過這位客戶會如此行事，因為這根本不符合任何行業慣例。於是他簡單地表示反對。

客戶馬上發起火來，聲稱自己一直在照顧他們的生意，而洛克菲勒居然不願意為他破例。即便如此，洛克菲勒依然不為所動，他已經打定主意，無論對方怎樣發脾氣，都不能改變生意原則，大不了最後向合夥人承認是自己沒有留住客戶。對方脾氣發完，沒有改變結果，卻臉色一變，突然笑了起來。他伸出手，握住洛克菲勒的雙手說：「約翰，我真為你們的公司感到高興，你們通過了考驗！」原來，客戶是接受了當地一家銀行的委託，故意設下這樣的陷阱，想看看這些年輕人能否禁得起市場誘惑，堅持一貫的商業原則。洛克菲勒這才明白過來，也緊緊握住客戶的手，慶幸自己沒有絲毫的動搖。

天時、地利、人和，洛克菲勒和他的合夥人沒有理由不翻身。到這一年年底，公司終於全盤盈利。一年內，公司總共銷售了四十五萬美元的農產品，獲得純利潤四千美元。

戰火中攫取財富

公司挺過了最初的難關，業績輕鬆攀升。一八五九年，洛克菲勒和克拉克的公司更是獲得了一萬七千美元的淨利潤，每人又各收穫八千五百美元。這筆金錢在當時可謂是不小的財富，但在洛克菲勒看來，這只是事業的起步。

為了讓公司進一步發展，一八五九年四月一日，公司迎來了新的合夥人：喬治・加德納。加德納是克拉克之前的同事，而洛克菲勒之所以同意他加入，顯然是為了獲得資金支持。從出身來看，加德納和洛克菲勒全然不同，他來自克里夫蘭的名門，後來還因此擔任了市長、遊艇俱樂部會長等職位。因此，讓他入夥之後，洛克菲勒必須做出讓步：將個人姓氏從商號名稱中拿掉，公司改名為克拉克—加德納公司。對此，洛克菲勒並沒有表現出什麼不滿，反而是克拉克在安慰他：「別在意，不會太久，幾年後，你就會比我們發展得更強。」但在內心裡，洛克菲勒對此很介意，他後來描述說：「這樣做，對我太不公平，因為我同樣也是合夥人，而加德納只是帶來了一份資金。不過，我最終還是認為必須忍耐。」

除了忍耐公司名稱的變化，洛克菲勒還要忍受加德納的公子哥作風，在他眼裡，這兩位合夥人的生活方式散漫，根本不尊重工作和上帝。而在那兩位看來，洛克菲勒總是一本正經、老氣橫秋，雖然生意上沒有他不行，但他天天在辦公室裡忙碌而緊張的樣子，看了又讓人備感壓力。更重要的是，洛克菲勒甚至像父兄那樣嚴格地對待他們，因為他擔心他們會不檢點，而影響公司的徵信。有一次，加德納和自己的朋友合夥買下了二千美元的遊艇，洛克菲勒毫不留情地對此加以斥責，但加德納表示自己並不在乎。過了不久，恰逢週末，加德納正打算去開遊艇取樂，看見洛克菲勒埋頭記帳，於是加德納殷切地說道：「嘿，約翰，我們幾個人打算開船出去玩，我覺得你也應該來。多離開辦公室出去走走吧，別總是圍著生意轉，這對你是有好處的。」但沒想到洛克菲勒非但不領情，反而惱怒地說道：「喬治・加德納！你是我見過最奢侈的年輕人！請你好好想想，你這樣的年輕人，生活才開始，就迷上了遊艇！你這是在毀掉我們在銀行的信譽，我可不想上你的船，我連看都不想看一眼！」說完，他又開始埋頭看自己的帳本，再也不理合夥人。

這件事給加德納留下了很深的印象，其實，他並不是洛克菲勒所想像的那種浪蕩公子，他只是喜歡享受生活而已。

與此相比，克拉克就認為洛克菲勒還比較好相處，但同時也承認他是非常刻板的人。在克拉克的回憶中，洛克菲勒對金錢非常謹慎重視，簡直按部就班到了極點，一絲一毫也不會放過。他記錄的帳目，都精確到了分，如果有客戶欠一美分，他都會不辭勞苦地要回來，而如果公司欠了別人一美分，他也一樣要償還。

合夥人們可能並不知道，洛克菲勒花費了多大力氣，才培養了自己如此刻板謹慎的商業習慣。每天晚上入睡之前，他都會告訴自己：「你只是剛起步，別認為自己就是不錯的商人了。你要小心謹慎，否則就會忘乎所以。你要穩步前進，不要被這一點財富弄到得意忘形。」正是這些內心反省，讓洛克菲勒始終保持理性，終其一生，他都像面對魔鬼那樣，始終囚禁著自己的貪欲和驕傲。

伴隨著洛克菲勒的成長，美國也迎來了重要的變革。

一八六一年四月，南方聯盟軍包圍了北軍控制的薩姆特堡，並打響了第一炮，南北戰爭就此爆發。林肯總統對南部邦聯宣戰，並號召北方青年志願者參軍，恢復南北的統一。

當消息傳到洛克菲勒耳中，他彷彿聆聽到了時代脈搏跳動的聲音，感受到即將到來的巨大變化。早在上中學時，他就表現出對南方奴隸制度的厭惡，他在論文中寫道「奴隸們在南方灼熱的陽光下勞動」，將莊園主們稱為「殘忍的主子們」，並質問：「在這種情況下，美國怎能聲稱自己是自由的？」這種思想，其實也來源於克里夫蘭的社會主流思想，這座城市有許多支持廢奴的人，再加上得天獨厚的地理條件，讓克里夫蘭成為運送逃亡奴隸前往加拿大獲得自由的樞紐。在這裡，洛克菲勒多次參加反對奴隸制的群眾集會，並深深地被新教群眾譴責奴隸制度的怒吼所感染。

遍布克里夫蘭街頭的徵兵站、爭先恐後報名參軍的熱血青年、每天報紙上引人關注的戰事頭條、從街頭到餐廳流傳著各種各樣的傳言……連家裡最小的弟弟弗蘭克，只有十六歲的年紀，也吵著要借錢去參加聯邦軍隊。

換作別人，或許早已被鼓動起來，而洛克菲勒卻冷靜得出奇。面對聯邦政府的徵兵令，他花費了三百美元，找了個人替自己服兵役，在當時這也並不奇怪，許多富家子弟都這麼做，其中也包括後來的金融巨頭老摩根、第二十二和第二十四任總統格羅夫・克里夫蘭等人。對此行為，洛克菲勒後來向兒子解釋說：「我倒是想去參軍盡義務，但這是不可能的。我們的公司剛開張，假如我不留下來，公司肯定開不下去，還有那麼多人要靠它養活呢！」這確實有道理，因為父親拋棄了整個家庭，作為長子，洛克菲勒無疑扮演著頂梁柱的角色。

最終，洛克菲勒還是拗不過小弟弟，他親自將弗蘭克送到徵兵站，看著他冒充十八歲，加入了俄亥俄第七志願步兵團。在服役的三年期間，洛克菲勒付了軍裝、步槍和其他裝備費用，弗蘭克則在戰爭中先後兩次負傷。戰爭結束後，弗蘭克發現自己一無所獲，兩個哥哥卻在商海中勢如破竹，內心難以避免地失去了平衡，導致他終生與洛克菲勒的關係都很僵。

送走弟弟之後，洛克菲勒埋頭研究戰爭帶來的商機。他和合夥人克拉克在辦公室裡掛起了大幅的詳細戰略地圖，密切關注戰爭的進展情況，這樣的布置吸引了同行和客戶，人們幾乎把這裡看作研討戰爭的俱樂部。大家經常在這裡一邊閱讀最新報導，一邊研究地圖。

洛克菲勒很快發現，戰爭結果未定，卻已經對北方的經濟帶來迅猛刺激。縫紉機日夜開動，為士兵縫製軍服棉被。收割機在田裡勞作，收割糧食以備軍需。交戰雙方都急切地想要將軍隊不斷地從舊戰場運送到新戰場，鐵路系統也必須高速運轉。為此，聯邦政府慷慨地向十多家鐵路公司贈予土地，總共送出去一．五八億英畝土地的所有權。如此發展態勢，給洛克菲勒的生意注入新的發展動力，他有了更多可以經手貿易的貨源，鐵路公司面臨發展良機，也競相前來請求合作，而他正好可以從中開發新的壓價空間。與此同時，戰爭帶給人們精神和心理上的衝擊也相當多。許多應徵入伍的農村年輕人第一次走進城市，他們看到琳琅滿目的商品、奢華享樂的生活方式，不由得都想加以嘗試，消費主義的思潮迅速傳播。甚至許多並沒有應徵的農村人，也在戰爭期間拋下了農田，走進人口稠密地區，尋覓發財良機。

在地理上，洛克菲勒所在的城市也擁有了更高的戰略地位。由於南北交戰，原來依賴密西西比河的水路貨運交通被徹底切斷，人們只能選擇五大湖區東西方向的水路進行貨運，經由克里夫蘭轉運的貨物量成倍攀升。因此，儘管洛克菲勒他們沒有直接拿到利潤豐厚的政府採購合約，卻從普遍發展的貿易中獲得源源不斷的利益。一八六二年，公司年利潤為一萬七千萬美元。一八六三年，公司的一份廣告，折射出他們手中產品的種類和數量：他們有一千三百桶鹽、一萬七千五百升苜蓿草籽、二百桶豬肉等，這些都是維持軍隊所不可或缺的物資。

此時，公司已經發展壯大，在臨河大街上總共占據了四個門牌號碼。這場戰爭讓二十歲出頭的洛克菲勒賺取了近十萬美元的利潤。才二十出頭，他已真正成了富人，這為他未來事業的發展提供了充足的資金。

油區裡的艱難一步

雖然洛克菲勒將成為最負盛名的石油大亨，但推動這一歷史進程的先驅者，卻是喬治・比斯爾和愛德溫・德雷克。

十九世紀五〇年代，比斯爾才三十多歲，既是中學校長，又兼任律師，還擔任記者工作。出於對賓州西部的深入瞭解，他突發奇想，希望用這裡豐富的石油資源提煉出優質照明油。畢竟，美國人一直以來用鯨魚油、豬油、牛羊油、棉籽油、岩頁油來照明，但這些油或者太昂貴，或者無法做到明亮、乾淨和安全。

比斯爾馬上組建了賓夕法尼亞石油公司。公司租下了亞利加尼河支流的部分土地，並在當地採集了石油樣本，送到耶魯大學化學家小班傑明・西里曼手中進行化驗。一八五五年，西里曼提出了具有象徵意義的報告，證明了比斯爾的想法正確：石油確實能夠提煉成優質廉價的照明油，還能夠生產出有價值的副產品。

現在，賓夕法尼亞石油公司不得不考慮如何去找到大量石油，將比斯爾的構想變成現實利潤。

人們花費了整整三年時間，才找到解決問題的鑰匙，而這把鑰匙落在了愛德溫・德雷克手中。

德雷克曾經在鐵路公司做過列車長，他雙眼炯然有神，前額寬闊，是個很有幹勁的男人。他被拉到公司裡，授了總裁的名號，又加上個上校軍銜，然後被派到賓州泰特斯維爾那裡尋找石油。在那裡，德雷克上校用盡了種種辦法。他先是挖井，可井壁塌陷了，然後他又學習鹽井模式，利用鑽頭採油，但在四處荊棘的荒郊野外，光是豎起高大的木製鑽臺就很困難了。經歷種種艱難困苦，在一八五九年八月二十八日，德雷克終於收穫了回報，他看見前一天打的油井中，如湧泉般地冒出了石油。

由此，原本默默無聞的德雷克上校被載入史冊，他不僅發現了量產石油，更發明出鑽井石油開採法。利用這種方法，能夠有效控制石油開採量，做到按計劃抽取。

消息傳出，泰特斯維爾很快變成了探險者的樂園。短短時間內，在小河的兩岸，就雨後春筍般出現了十多家煉油作坊。如此動靜，迅速引起克里夫蘭城內輿論的注意，因為即便在當時的交通條件下，從克里夫蘭到泰特斯維爾也只需要一天時間。在第一批聞訊前往泰特斯維爾的商人中，恰好有洛克菲勒合夥人克拉克以前的老闆，消息就這樣傳到了洛克菲勒的耳中。

很多年之後，洛克菲勒已經建立起他的石油帝國，登上世界首富的寶座，他是如此回憶當時感受的：「這些巨大的財富，是偉大上帝賜予我們的禮物，是榮耀造物主帶來的豐厚饋贈。無論是德雷克上校，還是所有其他與這個行業有關、製造和銷售這一寶貴產品以滿足人們需求的人，都值得被深深感謝。」

一八六〇年，洛克菲勒決定動身去親眼看看採油的景象。他將目的地設為泰特斯維爾、佛蘭克林以及石油城等地方，那裡被統稱為「油區」。到那裡並不方便，他只能先乘坐火車，再換乘公共馬車，一路上要穿過黑漆漆的森林，跨過草木林立的山岡，最後才能到達那裡。

在路上，洛克菲勒目睹了一波波熱情的冒險者。他看見火車車廂的過道裡，到處擠滿了想要來嘗試運氣的人，後來者無處容身，甚至設法爬到車頂，蹲在那裡。他看見運送原油的路程更加艱難，很多人將原油裝進木桶，再走上幾十里的崎嶇小路。有時，運油車隊在道路上綿延不斷，相互阻礙，油桶從車上滾落，跌得粉碎，溼滑的油把山路變得黏稠不已，越發難以行走。車老闆們往往要用上兩匹馬，才能拖動一輛車，當馬兒累死在路邊，皮毛很快會被石油腐蝕。

正是在這樣的山路上，洛克菲勒自己還摔進了油坑中。那時，他和原油生產商佛蘭克林・布里德動身前往油井，他們一路上騎馬穿過山谷，最後的半英里路，則只能步行。當他們來到一條五六英尺寬、四英尺深的泥潭前，洛克菲勒遲疑了，這個泥潭裡全都是採油者從油罐裡掏出的沉澱物，和泥漿混在一起，就像是柏油。通過泥潭的唯一方式，是一根只有六英寸寬的原木。

布里德駕輕就熟地走了過去，但洛克菲勒說自己沒有走過，不敢走上去。果然，當他邁步上去後，很快掉進了泥潭中。他抬起頭，不顧滿身的油汙，咧嘴笑了起來：「你看，布里德，我現在就全身投入石油業了。」

在水路上，情況也沒有好轉。亞利加尼河上，總是有大批的平底船和汽輪在裝運油桶。透過人為洩洪的方式，船隻借助水力，將原油順河而下送往匹茲堡。洛克菲勒看見，由於駁船相撞傾覆，油桶漂到水上，不斷互相撞擊，將大量的原油洩漏出來。

走進採油區，洛克菲勒的眉頭更加緊蹙。這裡原先是一派自然山谷風光，如今卻林立著草草搭建的井架、機房和小屋。無論哪裡出現了石油，都會有新興城鎮在那裡出現，而當石油採掘將盡，城鎮又會陡然消失。看起來，一切都和當年席捲西部的淘金熱沒有什麼區別。

在油區內，洛克菲勒認真地拜訪了許多人，仔細聽他們說的話，搜集一切有可能的資訊。儘管表現得很謙虛，但他還是忍不住對這裡的道德敗壞感到震驚，他發現，這裡到處有賭徒和妓女，因為錢來得容易，所以花起來也隨意。大多數原油開採者並沒有長遠計畫，他們只打算儘快將井裡的油開採完畢，然後去開採下一個地方。

經過一番考察，洛克菲勒將結論記錄在小筆記本上。他認為，這裡挖出了太多的原油，而落後的運輸能力又無法將之快速運走，既然如此，行情必然會下跌。果不其然，到了第二年，油價就猛跌了三分之二，三萬桶原油滯銷。油價曾經跌到每桶三十五美分，許多搶先殺入原油市場的商人都虧損嚴重。面對這一情況，洛克菲勒還是堅信，投資石油產業，會是相當有希望的生意，只是要抓住最好的機會。就像潛伏在斑馬群旁的非洲獅，又像騰身捕捉獵物之前的眼鏡蛇，洛克菲勒此時也按捺住了對石油財富的渴望，在這黑色黃金面前，他想要再等一等。

投身煉油前線

三年後，洛克菲勒終於守候到良機，他等待的人，是撒母耳·安德魯斯。

安德魯斯其實是克拉克的同鄉，他們的家族都來自英國威爾特郡。安德魯斯從小喜歡研究機械，後來自學成為化學家。此時，他在克里夫蘭一家油脂提煉廠工作，有著豐富的煉油經驗。一八六〇年，就是他利用十桶原油，生產出了克里夫蘭當地第一批以石油為原材料的煤油。這個成就讓他欣喜若狂，因為他深知，這種煤油會超越其他任何照明材料，登上備受推崇的寶座。

然而，安德魯斯確實只適合做技術研究。此時，他家境窘迫，甚至還需要妻子為別人縫補衣服來補貼家用。為了尋求資金，安德魯斯在一八六二年找到了克拉克和洛克菲勒。

克拉克對他的想法不屑一顧，他靠在椅子上，直截了當說道：「安德魯斯，這事沒希望，除了用來做生意的資金，我和約翰在一起也拿不出二百五十美元來。我們的經營資金，還要還銀行貸款，還要向貨主付定金、買保險、交房租……」

安德魯斯並沒有放棄，他抱著試試看的想法，推開了洛克菲勒辦公室的門。多年前，他就在伊利大街浸禮會布道教堂認識了約翰・洛克菲勒，他知道這個同齡人不僅熱心、誠信，而且有著敏銳的商業頭腦。

果然，在詳細聽完安德魯斯提出的研發細節描述後，洛克菲勒怦然心動，他決定相信這個朋友。同時，他手中也有投資鐵路股票所賺來的利潤，能夠拿出來投資安德魯斯。

看到洛克菲勒答應，克拉克也就勉強同意參加，兩人共投資了四千美元的起步資金給安德魯斯。一八六三年，新建的煉油企業安德魯斯—克拉克公司正式成立，廠房設在一條名叫金斯伯里的小河畔的紅土斜坡上，利用窄窄的水路，油品可以透過凱霍加河，直達伊利湖，並運送到克里夫蘭。此外，一八六三年十一月，克里夫蘭同紐約市之間又有了鐵路連接，這意味著整個賓州油田區域同外界的連接都擴大了。同一年，《解放黑人奴隸宣言》發布，聯邦軍隊在葛底斯堡和維克斯堡取得了重大勝利，南北戰爭形勢出現轉折，農產品需求因為戰爭走向而保持旺盛。除了忙相關生意，洛克菲勒還抓緊時機，完成了婚姻大事。

從一八五四年起，洛克菲勒就開始了與蘿拉・斯佩爾曼小姐的戀愛關係。蘿拉小姐雖然沒有傾國傾城的美貌容姿，卻有著優雅過人的氣質、大家閨秀的背景。蘿拉的父親一直在克里夫蘭經營著威士忌酒業，其經營範圍遠達西部，是不折不扣的可靠靠山。

一八六四年九月，在十年戀愛之後，洛克菲勒和蘿拉舉行了正式婚禮。看著能力出眾的女婿，岳丈非常高興，特意向煉油廠投資了六萬美元，另外，還專門資助給新人九萬美元的流動資金。

當然，洛克菲勒也沒有愧對如此厚愛，終其一生，儘管他在商業生涯中遭到各種詬病，卻無人找到其私生活上任何把柄，他真正貫徹了結婚誓詞：在漫長的歲月中，不管名聲多麼顯赫，不管貧窮還是富裕，都會始終忠於她。實際上，洛克菲勒將絕大部分時間和精力都集中在生意上，對於男女之情，他有句名言：「和女人逢場作戲，既要花費金錢，又要浪費寶貴的時間，簡直太不合算！」岳丈的投資，並沒有讓洛克菲勒相信新煉油廠能帶來多少利潤，受克拉克影響，他也覺得這只不過是副業投資。然而，情況的演變迅猛異常，隨著克里夫蘭一帶煉油廠數量越來越多，洛克菲勒不由得開始關注這個新興產業，更多地參與到煉油廠的運作中。

在隨後的日子裡，煉油廠的工人幾乎每天都能看到洛克菲勒的身影。早晨六點半，他就走到製桶廠房，和工人們將油桶一個個推出來，然後把桶箍堆在一起，或者是指揮車將木屑運走。

同時，他對工廠的管理非常高效而現實，從不願意浪費一丁點利潤，比如石油在提煉之後，殘留物中包含硫酸，洛克菲勒最先發現其價值，並親自制訂計畫，用它們來生產化肥。當他發現管道工在開出的材料帳單上做了一處手腳，他就馬上告訴安德魯斯，月底前改由公司自己來買管子、介面和一切其他管道材料，只需要重新雇一個工人來安裝。同時，煉油廠還自己負責裝運貨物，以便節約成本。

起初，煉油廠還需要購買乾燥和嚴實的油桶，但當洛克菲勒直接參與管理後，情況就變了。他要求工廠自行生產油桶，再刷上藍漆，這個舉措能為每個桶節省一・五美元的成本。其他製桶廠都是買來溼木材，再運到廠房裡加工，但洛克菲勒卻要求伐木工必須將橡樹在樹林裡鋸倒，然後在窯裡烘乾，以便減輕重量、節約運費。這些精心的管理舉措背後，是洛克菲勒不斷付出的心血與精力。那時他和弟弟威廉睡在一塊，威廉經常在深夜裡被他推醒，一片漆黑中，威廉看到哥哥的雙眼發亮：「我正在盤算這個計畫……你覺得怎麼樣？」而威廉經常根本沒有耐心聽下去，他只能投降地說道：「明天早上再說吧，我現在只想睡覺。」而生意甚至會占據洛克菲勒家庭的早餐時間，妹妹瑪麗・安發現，雖然克拉克和安德魯斯都比洛克菲勒年紀大，但好像根本離不開他，經常在洛克菲勒吃早飯的時候，就直接闖進餐廳，開始熱切地討論石油方面的事。瑪麗私下抱怨說，這樣的話題自己簡直聽膩了，每天早上都希望能聽到些別的事。

作為企業主，洛克菲勒並不只是制訂計畫，他也會身先士卒。由於市場情況起伏很大，他時常督促向紐約發運原油的速度，並親自跑到鐵軌上為貨運員們加油。在運輸最為繁忙的時候，他夜以繼日地待在貨車旁，還不顧危險地跑上貨車車廂頂，不斷催促工人們加快速度。

雖然外人很難理解，但洛克菲勒確實對煉油廠事業有著近乎宗教般的熱情。許多熟悉他的人在看見他如何照料工廠時，都會不由自主地想到前些年他打掃教堂時的模樣。每當他拿下一筆大訂單，都會展現出全然不同的激情面貌。在熱誠和精心的管理下，不到一年，煉油業務帶來的利潤，就超過了農產品貿易。雖然石油業剛起步，市場又變化莫測，但從此之後，洛克菲勒的石油企業從來沒有虧損過。

脫出合夥制束縛

煉油廠的盈利不斷上升，讓洛克菲勒的眼界越發開闊。與此同時，合夥人之間原本牢固的關係，開始出現裂痕。追尋其原因，可能是原本隱藏的問題開始顯現，也有可能是合夥制已無法滿足這家企業的需要，還有可能在於克拉克和洛克菲勒根本不是同一種人……無論出於怎樣的原因，洛克菲勒和克拉克的關係都變得越來越差。

從性格上看，莫里斯·克拉克確實不像洛克菲勒的好友。他個子高大，為人直率，脾氣急躁。早年間，他在英國威爾特郡做園丁，因為忍受不了指責和謾罵，痛毆了主人，然後逃上了到波士頓的輪船。隨後，他向西遷移，做過伐木工、趕車人和農產品生意，最後和洛克菲勒合夥在克里夫蘭開了公司。與洛克菲勒的自持相比，克拉克就隨便得多，他對宗教沒多少興趣，喜歡抽菸喝酒，在公司裡隨口說髒話。洛克菲勒對他這些行為很不滿意，但又不得不承認他在生意上確實是精明能幹的好手。反過來，克拉克對洛克菲勒也不那麼欣賞。在克拉克眼裡，老闆就應當是老闆，不應該做事刻板而細微，尤其是不應該那麼重視帳本。洛克菲勒鍾情於計算數字、核對帳目，克拉克覺得這簡直是小職員和小孩子的脾氣。

出於這些原因，兩個合夥人在討論生意時，經常會產生齟齬。好幾次，克拉克都不講情面地質問：「要是沒有我，你究竟能幹出點什麼？」而洛克菲勒表面上強壓怒火，心裡面想的卻是：「讓公司成功的是我，負責精心記帳和管錢的，也是我！」

當克拉克的弟弟也加入煉油廠之後，情況就變得更加糟糕。詹姆斯．克拉克原本是職業拳擊手，他孔武有力，動不動就喜歡大聲威嚇別人。洛克菲勒不喜歡他的性格，更不喜歡他的人品，尤其當詹姆斯動輒吹噓自己如何欺騙以前的老闆、如何詐騙其他客戶時，都會引起洛克菲勒的反感與懷疑，並由此更加密切注意這個合夥人的一切行為。結果，詹姆斯很快與他的哥哥一樣，對洛克菲勒那種正直的態度感到難以忍受，嘲諷地稱呼他為「主日學校校長」。

一天上午，因為一些小事，他又闖進洛克菲勒的辦公室破口大罵，洛克菲勒卻視若無睹，照樣將雙腳翹在桌子上，面部表情怡然自得。等詹姆斯罵累了，洛克菲勒也只是冷冷地甩出一句話：「聽著，詹姆斯，你大概能把我揍扁，但你或許應該明白，我不怕你。」說完，他臉上只剩下堅毅而冷漠的神色。在這一瞬間，詹姆斯才明白，自己慣用的那一套，對面前這個看似文弱的年輕人並不管用。從此之後，他再也沒有大叫大嚷，當然，雙方關係依然僵持不下。

生意合作和戀愛婚姻一樣，性格分歧是分手的一部分原因，但最終原因還是在於現實利益。此時，賓州的石油鑽探如火如荼，這塊熱土上每多一口油井，就會給新建立的供需關係帶來影響，因此人們根本無法預測石油的正常價格。在一八六一年，每桶石油價格的低點是十美分，而高點則是十美元。一八六四年，這兩個數字變成了四美元和十二美元，面對如此劇烈的價格波動，克拉克兄弟提出要更為審慎地來應對市場，而洛克菲勒和安德魯斯則主張繼續靠貸款來擴張業務。克拉克對此非常生氣，當他得知洛克菲勒又貸款之後，大聲抨擊道：「呀！你可是借了十萬吶！」就好像這樣做是把他推下了火坑一樣。洛克菲勒對這種懦弱嗤之以鼻，他告訴別人說：「克拉克就是個老奶奶，他因為我們欠銀行錢就擔心得像是要死了。」

平心而論，克拉克兄弟的這種態度是可以理解的，因為他們發現這個謹慎保守的年輕人，平時自己花錢處處摳門，在投資企業上居然如此大膽冒失，甚至不事先打招呼就會將所有的資金孤注一擲。但他們並不清楚，洛克菲勒一生從事經營事業，都秉承著小心與大膽的雙重態度。

到了一八六五年，洛克菲勒已二十五歲。他從現狀看到了未來，他清楚，想要改變未來，必須要從掃清眼下事業發展的障礙做起。於是，他正式向克拉克兄弟攤牌。

這年一月，洛克菲勒將一張借據放到莫里斯・克拉克的面前，要求他簽字。但莫里斯拒絕接受，他表示為了石油業務，自己一直在借錢，現在借得太多了。洛克菲勒毫不退讓，克拉克兄弟表示，如果還要借錢，就乾脆散夥。洛克菲勒表面上做出了讓步。

克拉克兄弟暗自得意，但他們並不清楚，用散夥來威脅，正中洛克菲勒的下懷。

洛克菲勒馬上私下和安德魯斯談了一番，他說：「山姆，我們要走運了，一大筆錢在等我們。

但是，我不喜歡克拉克和他們的做法，他們品行不端，拿石油當賭注，我不想跟賭鬼們合夥。如果下回他們威脅還要散夥，我們就答應，如果我買下他們的股份，你願意繼續幹嗎？」

安德魯斯當然表示同意，他只能選擇信任洛克菲勒。於是，事情就談妥了。

洛克菲勒馬上行動起來。二月一日，他將所有合夥人請到家裡，向大家提出要快速發展煉油廠的方針，詹姆斯・克拉克說道：「你這樣，我們最好還是分開。」

按照協定，散夥需要所有的合夥人同意，洛克菲勒詢問了在場者的態度，在安德魯斯的帶領下，他們都公開表態同意散夥。洛克菲勒沉默了，什麼也沒有說，克拉克兄弟得意起來，覺得又一次嚇住了這個毛頭小子。

不料，第二天清晨，人們在《克里夫蘭先導報》上，看到了安德魯斯—克拉克煉油公司解散的公告。克拉克兄弟大吃一驚，跑去詢問洛克菲勒：「你是來真的？真的想拆夥？」

洛克菲勒平靜地說：「是的，我真的想拆夥。」

原來，洛克菲勒不僅在幾週前就得到安德魯斯的支持，還找到了幾家銀行支持自己。看見他有了銀行的貸款保證，所有合夥人都一致同意，將公司股份拍賣給出價最高的買主。

拍賣開始了。克拉克兄弟聘請了一位律師幫忙，而洛克菲勒則親自出馬，並告訴別人：「我覺得自己能做好這麼簡單的一筆交易。」事實上，越是關鍵的事務，他越是能沉穩應對，即便別人會緊張得坐立不安，但他還是表現出勝券在握的樣子。這樣的特點，哪怕是偽裝出來的，也從此時開始凸顯，並陪著他走向事業頂峰。

煉油廠的拍賣底價是五百美元，很快價格就攀升到了幾千美元，在參與者不停的報價聲中，律師口中的價格漲到了五萬。這一數字已經超過了洛克菲勒事先預想的價格，但他並沒有停下來，而是繼續提價到了七萬美元。洛克菲勒開始擔心，自己是不是能買下煉油廠，他緊盯著克拉克的嘴唇，隨後聽到裡面蹦出了一個價格：「七萬二千美元。」

洛克菲勒毫不猶豫，他直接說出自己的新價格：「七萬二千五百美元，先生們。」

克拉克遲疑了，兄弟倆面面相覷一會，隨後，莫里斯承認了失敗，他說：「我不再加價格了，約翰，這個廠歸你了。」

洛克菲勒暗自鬆了一口氣，他知道自己也沒有什麼退路了。但他馬上鎮定下來，問道：「要不要我現在就開支票給你？」

就這樣，整座煉油廠完全屬於了洛克菲勒。他擁有了克里夫蘭最大的煉油廠，每天能提煉出五百桶原油。當然，他也為此付出了高昂的代價，他將自己在原先商貿公司的一半股份，還有七．二五萬美元，全部交給了克拉克兄弟。

一八六五年三月二日，克拉克兄弟正式從煉油廠管理中退出，從此以後，洛克菲勒和克拉克的名字不再有任何關聯。後來，洛克菲勒經常提起這件事，他說：「那一天是我花了一大筆錢，和他們拆夥的日子，那才是我人生獲得成功的開始。」也許某種程度上，洛克菲勒是敏感的，他過分誇大了合作者的傲慢，但重要的是，他終於成了獨立的經營者，不會再被身邊的任何力量所掣肘。

這個時候，南北戰爭進入尾聲。四月份，羅伯特・李將軍正式向北軍統帥格蘭特投降，隨後，林肯總統遇刺。整個克里夫蘭陷入悲痛之中，洛克菲勒同樣也感到震驚與哀傷。但時局的任何變化，都無法影響這個商人在事業上的崛起。

現在，洛克菲勒—安德魯斯公司在蘇必利爾大街上一棟磚房內正式開張，這家公司實際上由洛克菲勒擔任唯一老闆，安德魯斯只是位技術人員。公司辦公室位於二樓，從洛克菲勒的辦公桌後，就能看見綿延悠長的凱霍加河。在剛剛擔任記帳員時，他就能在自己的座位上，眺望到河上絡繹不絕的運輸船隊，如今時過境遷，現在那一艘艘駛出港口的駁船，承載的都是從他的煉油廠內生產的油桶。由這裡開始，洛克菲勒的石油與夢想，將走向全美國，走向全世界。

發展良機

有人爭取自由，只是為了得到更多享樂空間；有人爭取自由，則是為了放飛夢想的翅膀。洛克菲勒顯然是後一種人。

一八六五年，他儼然已經是成功的商人，留著落腮鬍子，身材修長，有一頭微微發紅的金髮，待人接物都有著精英派頭。這年十二月，他和安德魯斯又合夥開張了第二家煉油廠，並將之命名為標準煉油廠，直接負責人是他的弟弟威廉・洛克菲勒。新的標準煉油廠和原有煉油廠一起，共同確立了洛克菲勒身為克里夫蘭第一大煉油廠主的地位。

即便如此，這兩家煉油廠看起來也並不壯觀，它們只是一群並不起眼的建築，布置得雜亂無章，分布在山腰上，顯得低矮而凌亂。洛克菲勒就經常背著雙手，在這些廠房之間巡視，其中每個角落，都可能出現他的身影，對管理運作中最小的細節，他都會加以檢查。每當發現員工在打掃那些看起來不起眼的角落，他都會微笑地加以表揚，說這樣的員工才優秀。

為了分擔自己巡視廠房的責任，洛克菲勒專門雇了個工頭，名叫安布羅斯・麥克雷格。這個人嚴謹細緻、老實可靠，而且不愛和人交往，這些都讓洛克菲勒非常信任他。由於廠區離城裡比較遠，他倆經常會在附近的瓊斯太太家用餐。因為他們身上散發出油汙的味道，讓一起用餐者感到難以忍受，所以他們只能躲到門廳裡面去吃飯。

洛克菲勒並不在乎吃飯的地方，他知道，此時是企業發展的最佳時機，自己無暇他顧，更不會去貪圖享受。在這段時間內，他整天都待在工廠裡，親自指揮基層的煉油工人進行操作。當公司要向紐約方面的客戶發送貨物時，他又親自跑到鐵路旁，為貨運員打氣。不論白天還是夜晚，只要標準石油公司的貨運列車來到，人們都可能看見那個高大的身影出現在車站，有時候，這身影甚至還跳上貨車車廂頂部來回奔跑，催促著車下的小夥子加快搬運進度。

洛克菲勒如此緊張地投入工作，並非沒有原因。那時，誰也不清楚賓州油井還能開採到什麼時候，有傳聞說，油井很快就要枯竭，所有的工廠都會面臨倒閉的危險。

當時，賓州的採油企業主們分為了兩類：其中一類人認為，石油採掘行業的興盛，不過是類似於淘金潮的投機行為，遲早會曇花一現，從盛開走向枯萎。因此，他們只希望儘快獲利轉手，安全脫身。

洛克菲勒則站在另一類人的中間，他認為，石油是未來經濟發展的持續基礎。每當他想到未來油田有可能枯竭時，他就乾脆轉而向宗教信仰尋求寄託，他甚至認為，石油業的未來並不是人力所能評價與控制的，而只能是掌握在神的手中。

人們無從得知，在那時的每個深夜中，洛克菲勒怎樣虔誠地與上帝進行溝通。但他為石油生意奔波的軌跡卻覆蓋了更大範圍。從一八六五年開始，他經常穿著破舊的採油服，前往賓州的佛蘭克林，他的公司在那裡專門設立了採購石油原料的辦事處，從而節省中間管道的成本。每次當他從那裡回來時，公司上下的員工，都能切身感受到他身上散發出的熾熱活力，他甚至不用說話，單憑雙眼放光的神情，就能打消身邊每個人對這一行業前景原本產生的疑慮和焦躁。

為了不落後於持有積極觀點的同行，洛克菲勒開始注意美國以外的龐大市場。

那時，除了賓州西北部這片丘陵地帶，整個北美其他地區的石油儲量尚未被探明。因此，當地這些看似不起眼的煉油廠，足以能代表美國在全世界相關市場上占據著重要地位。

在歐洲，各個國家都積極地從美國進口煤油，南北戰爭期間，美國每年都會出口數十萬桶。到一八六六年，克里夫蘭所生產的將近三分之二的煤油，都經由紐約出口到了海外。

洛克菲勒立刻意識到，透過向國外出口來擴大市場，是非常明智的選擇。他知道，這項工作充滿艱難，必須進行大規模的開發工作。為此，他在一八六六年派弟弟威廉，到紐約組建公司，負責煉油廠的出口業務。

臨行前，洛克菲勒向威廉交代了重要的任務：只要煤油出口價格突然下跌，就及時通知公司安排在油區的買手，暫時削減原油的買入量。

這項任務的設計，體現出洛克菲勒思維的過人之處。他幾乎是所有企業主中，第一個認為出口市場會對油價產生決定性影響的人。

此前，每當賓州打出一口新的油井，歐洲買家所專門安排的高效關係網，就會立刻將消息傳送到紐約。這樣，他們就能及時預見油價的下跌，從而暫時停止購買。而洛克菲勒交給弟弟的任務，正是反其道而行之，經過觀察出口價格波動，來決定企業的生產量。必須承認，採取這樣的策略，說明洛克菲勒充滿了創新的大膽勇氣。

威廉聽了兄長的指示，在紐約珍珠大街一八一號，租下幾間不起眼的房間，設立了辦事處。之所以選擇這裡，是因為這兒距離華爾街夠近，便於隨時瞭解出口價格。

實際上，在紐約設立辦事處，這一策略與自造油桶、自製硫酸等方法結合起來，共同組成了洛克菲勒苦心打造的垂直管理體系。此時，他所努力尋求和完成的，正是將來人們會發現的「壟斷手法」，即讓公司從弱小時開始，就盡可能地形成自給自足的特徵，只要是能夠自行完成的組成項目，他都不願意有其他任何企業從中染指賺錢。

這種封閉管理體系，確實讓處於發展早期的洛克菲勒公司大受裨益。由於成本被有效壓縮，再加上威廉在華爾街附近迅速鋪設的價格資訊網，使煉油廠的利潤逐年增加。

與此同時，洛克菲勒也不可避免地開始更多地求助於銀行家。雖然當年老隱退時，他已經有資格對新生代金融家表現出懷疑，甚至對晚輩吹噓說在自己的創業過程中，極少舉債發展，而是憑藉保守的理財之道獲得成就，但那時，他卻不得不經常和銀行家打交道。很多時候，在晚上就寢前，他還在擔心手中小小的煉油廠是否有能力償還巨額借款，但一宿之後他又鼓足精神，決定再去尋求更多的貸款。

此時，在南北戰爭結束後，美國發行了新的綠背紙幣。新建的全國性銀行系統，也開始大量發放貸款，刺激戰後經濟的發展。洛克菲勒抓住了流動性提升的機會，從克里夫蘭的那些大銀行家手中，借到一筆又一筆巨額貸款。洛克菲勒知道包裝的重要性，他懂得如何將自己和企業打造成希望之星，讓銀行覺得錯過他，就是錯過營利的機會。

一次，洛克菲勒去拜訪銀行家威廉・奧迪斯。奧迪斯曾經允諾，洛克菲勒可以獲得最高的貸款額度。但今天，他卻雙眉緊鎖，質疑洛克菲勒的來意。

洛克菲勒很快弄清楚，原來，銀行裡的部分董事對他的償還能力表示擔憂。這種擔憂也影響了奧迪斯。

於是，洛克菲勒不緊不慢地說道：「奧迪斯先生，我可是在任何時候都非常樂意展示我的償還能力。不過，下週，我就需要更多的錢。當然，我可以把我的企業交給你們銀行，因為我很快就能籌到另一筆資金去投資。」

這段話不卑不亢而意味深長。說完後，洛克菲勒就閉上了嘴，雙眼緊盯著奧迪斯，等待他做出反應。

奧迪斯當然不打算接手他完全不懂行的煉油廠，看到洛克菲勒如此自信，他改變了主意，又批下一筆新的貸款。

在企業迅猛發展的時期內，洛克菲勒雖然急迫地需求資金血液，但他從來不因為壓力而向人搖尾乞憐。他知道，如果銀行家們變得神經緊張，那麼自己最好的辦法就是安之若素。

某個晴朗的早晨，洛克菲勒走出家門，急匆匆趕往公司。他表情嚴肅，腦海中全都是如何借到急用的一萬五千美元。恰巧，迎面走來了當地一位銀行家，兩人互相致意後，銀行家停下腳步說道：「洛克菲勒先生，您現在需不需要借五萬美元？」

洛克菲勒馬上心領神會，但他並沒有表現出任何驚喜，而是反覆打量著對方，又慢條斯理地說道：「嗯……您給我二十四小時，我考慮下再答覆您。」

這樣高超的表演，讓洛克菲勒以最優惠的利率，拿到了這筆從天而降的借款。

不過，如果以為洛克菲勒只是依靠演技獲得貸款，未免也失之偏頗。他在浸禮會教會中的無私表現堪稱楷模，讓許多銀行家對其人格深信不疑。而當他面對銀行的詢問時，也總是堅持說真話，從來不會捏造事實或含糊其詞。最關鍵的是，洛克菲勒將信用看作生命，總是及時迅速地還帳。

由於深受信任，洛克菲勒在這段時間內多次依靠銀行的力量，從危機陰影中脫身。其中，他印象最深的一次，是煉油廠失火賠償問題。

那時，煉油廠企業主們最為擔心的事情不是價格波動，而是揮發性氣體著火。由於安全技術水準的限制，油罐並不像後來那樣被設置在河岸邊的泥地中，因此一旦著火，火勢很快就會燒到附近的油罐，形成一片火海。另外，此時連最早的汽車都還沒有出現，誰也不知道原油表面那層漂浮物可以做什麼，許多基層煉油工人只能將這些「沒用的產品」偷偷倒進河水，由於不斷傾倒，成百萬桶的汽油都順水流往下游，連河岸土壤都被浸透了。這導致整條河水都變得易燃，甚至只要在蒸汽船上將燃煤扔到河裡，水面上都會騰起一片火苗。

最早在賓州發現石油的德雷克，其油井就在一八五九年秋天被大火燒毀。南北戰爭時期，賓州油田區域陸續發生了多次突如其來的重大火災，許多企業主都擔心在清晨醒來時會接到煉油廠被夷為平地的噩耗，那意味著之前所有的投資都被付之一炬。

但是，人總不可能終日緊張。見過了幾次大火，此後無論誰家的煉油廠付之一炬，都不會讓其他企業主感到驚訝。洛克菲勒對此則更為淡定，他後來回首往事時說：「那時候，只要火警鐘聲一響，不管是誰都會去幫那家煉油廠滅火。而當火還沒被撲滅的時候，我就已經幫著制訂重建工廠的計畫了。」

終於有一回，洛克菲勒公司旗下的一家煉油廠失火，損失雖然不算太大，但保險公司遲遲沒有給出賠償。消息傳到銀行，董事們隨即開會討論是否給他追加貸款，支持和反對者針鋒相對，相持不下。此時，董事斯蒂爾曼・威特挺身而出，他讓手下的職員拿來其個人保險箱，放在會議桌上，慨然說道：「先生們，請聽我說，這些年輕人都是優秀的。如果他們想要借更多的錢，我希望本行能夠毫不猶豫地借給他們。如果你們想要保險一些，這裡就有，請想拿多少就拿多少吧。」

其他董事們面面相覷，最終同意了放給洛克菲勒更多的貸款。

如果不瞭解這一階段洛克菲勒和銀行之間的緊密聯繫，人們就無法理解他是如何取得了後來令人嘆服的長足進步。此後，無論是在經濟衰退期，還是經濟繁榮時代，洛克菲勒總是可以利用優良的個人信用，保有大量的備用現金。這一重要優勢，將會幫助他在隨後的眾多競爭場合中奪取勝利。

第三章

上帝之名，壟斷之道

（一八七〇—一八八一年）

緊握鐵路大亨的手

一八六七年三月，洛克菲勒公司的規模已今非昔比，從克里夫蘭的《領導者》報中可見一斑：「洛克菲勒的公司，有一座大車庫，內可容納八輛原油裝卸貨車。此外，還有兩座可以儲存六千桶油的倉庫。整個工廠總共有十座煉油爐，日產量可達二百七十五桶。」

在煉油爐旁，安德魯斯埋頭於專長中，不斷革新和研製工藝。在他的主導下，洛克菲勒公司推出了新的提純方法：先將原油輸入煉油鍋爐內，升高溫度到華氏四百和五百度之間，再讓原油蒸汽通過加熱管，進入精餾塔中冷凝，形成略帶黃色的藍色液體，隨後，再將它們注入大槽，用接近沸點的熱水來加熱，將再次蒸發的黃色氣體與亞硫酸氣混合，最後用活性碳酸鈉對混合氣體進行發光作業，就得到了可以提煉出精煉油的煤油產品。這套作業方法相比傳統提純方法，有很大的進步，原油精煉過程中的浪費越來越少，提純效率則越來越高。

與此同時，洛克菲勒又為公司引進了新的合夥人——亨利・弗拉格勒。

弗拉格勒比洛克菲勒年長九歲，相貌俊俏、性格活潑、衣著時髦而精力充沛。他的身世和洛克菲勒有著相似之處：十四歲就離開學校，在一家鄉村小店裡幹活，南北戰爭開始後，他也投身於農產品貿易，並因此結識了洛克菲勒。

後來，正是經由弗拉格勒的介紹，洛克菲勒得到了富豪史蒂芬・哈克尼斯的投資，哈克尼斯同意投資十萬美元到新公司裡，但條件是讓弗拉格勒出任財務主管和他本人在公司的代表。由於哈克尼斯同時也是多家銀行、鐵路、礦業、房產和製造公司的董事，這層關係無疑能讓洛克菲勒走進新的資本天地，他非常樂意地接受了對方的條件。從弗拉格勒加入開始，新企業改名叫洛克菲勒─安德魯斯─弗拉格勒公司，此後，洛克菲勒和弗拉格勒的共事友誼將延續幾十年。

弗拉格勒也很喜歡數字，同時對生意充滿熱情，他曾經遭受過失敗的考驗，因此對一路順遂的洛克菲勒頗有幫助。正如同弗拉格勒所說的那樣，建立在生意上的友情，勝過建立在友情上的生意。這兩個年輕人每天都會先見面，然後一起步行去公司，一起去吃午飯，再一起回來，晚上又一起回家。哪怕是在來回步行的路上，他們都會共同思考和討論，並最終制訂計畫，更不用說在辦公室裡，他們會聯手撰寫業務信函，相互交換初稿並修改，直到雙方都認為妥當才行。

正是在弗拉格勒的協助之下，洛克菲勒才成功地拿下創業生涯前期一個精彩的戰役──運費折扣之戰。眾所周知，有關石油的一切，都離不開運輸。但由於最初發現石油的地點偏遠，很多年來，石油行業都被運輸行業牢牢壓制，連馬車夫都可以隨便加價，更不用說整個傲慢的鐵路行業。

幸運的是，洛克菲勒的煉油廠在克里夫蘭。在夏天，他可以利用水路運油，這讓他有了很大底氣與鐵路公司討價還價。另外，克里夫蘭有鐵路通往芝加哥、聖路易斯、辛辛那提，還有三條鐵路通往紐約、費城、哈里斯堡和匹茲堡等地，是十分便利的交通樞紐。利用這種優勢，洛克菲勒和弗拉格勒周旋在不同的鐵路公司之間，用智謀和手段來壓低價格。

當時，美國有三大鐵路系統：賓州鐵路系統、紐約中央鐵路和大西洋西部鐵路。其中實力最為雄厚的，是坐擁紐約中央鐵路的商業大亨范德比爾特。范德比爾特是投機老手，他精明而強橫，善於空手套白狼。他總是能拿到政府免費提供的開發土地，然後大肆拍賣或自建鐵路。

在石油工業興起之前，鐵路主要靠運送郵件賺錢。但無論是聯邦還是州立郵政，都要遵守美國商法。於是，范德比爾特利用金錢和人脈，操縱議員在議會上提出並通過有利於他的郵件立法，然後，他大肆虛報每輛郵車的運郵量和成本金額。於是，政府最終花費了十幾倍的資金，購買了中央鐵路公司託運郵件的服務。僅此一項，紐約中央鐵路每年就能從中獲利二千多萬美元。

當范德比爾特鞏固了紐約中央鐵路的地盤之後，就開始盤算著控制從紐約到芝加哥的線路，從而進一步實現控制全美鐵路的野心。

在地圖上，范德比爾特很快發現了伊利鐵路，這條鐵路是連接紐約和芝加哥的最短線路。為了占有伊利鐵路，他開始大量購進該鐵路的股票，並為此向曾經合作過的華爾街投機家迪爾籌款。不料，迪爾也是伊利鐵路的股東之一，他借出錢後不久發現，自己的股權居然被對方獲取了，惱羞成怒的他求助於另一位鐵路大亨：喬伊・古爾德。

人們說，古爾德幾乎是范德比爾特的翻版。他同樣是南北戰爭時期的暴發戶，依靠倒賣皮革起家之後，到處巧取豪奪，曾經用逼迫企業主自殺的方式，奪去了一家皮革公司。用經營皮革公司的錢，他也在紐約州投資小鐵路，並不斷試圖擴大規模。

古爾德聽說了范德比爾特的動向，立刻搶先一步，給相關議員們以更大的賄賂。結果，他的突襲大獲成功，獲取了伊利鐵路這塊「肥肉」。就這樣，范德比爾特和古爾德徹底破裂，矛盾完全公開。作為報復，范德比爾特拿下了僅次於伊利鐵路的湖濱鐵路，算是留下了對抗的籌碼。對此，始終關心鐵路業的洛克菲勒，自然全都看在眼裡，他知道，其中必然蘊藏著公司發展的新機會。

這天，他和弗拉格勒在辦公室討論起公司發展的未來。弗拉格勒說：「相對原油產地，我們煉油企業畢竟處於下游，如果原料產地控制價格，我們就會相當被動。」洛克菲勒很認同這一點，他說：「我們必須要從自己的下游裡面找到優勢，比如說，鐵路運輸價格。」「你有什麼好的想法？」弗拉格勒投來狡黠的目光。「我打算，找鐵路公司簽訂合約，承諾只使用一家公司的貨運能力，但他們必須要給我們折扣。這樣一來……」「這樣一來，鐵路公司的老頭子們，一定會盲目競爭！」弗拉格勒搶先回答說，他的眼神裡閃爍著自信的光芒。

洛克菲勒讚賞地看著合夥人，雖然兩個人從未相互交流過這方面的意見，但思維的軌跡，卻在此時彙聚到同一焦點。他們不約而同地將目光投向牆上那幅美國東部地圖，在那裡，有著這家公司註定偉大的未來之路。

打響運費戰爭

經過一番祕密籌畫，洛克菲勒決定，讓弗拉格勒去執行最重要的使命。為了有效降低運輸成本，弗拉格勒必須要努力說服兩大鐵路系統，讓其答應將相關鐵路上所有裝運石油的油罐列車和油桶，全部由公司包租下來。

這是洛克菲勒特有的大手筆規劃，如果真的做到，用不了多久，同樣需要運輸力量的競爭對手就會發現，運油路線上已經沒有一輛列車可以使用了。這意味著洛克菲勒幾乎扼殺了所有對手的生存線。不僅如此，這還意味著洛克菲勒將成為鐵路公司的唯一客戶，他將能夠在伊利鐵路和湖濱鐵路之間遊刃有餘，驅動二者進行慘烈競爭。

世界上沒有不透風的牆。賓州鐵路公司聽說了洛克菲勒的計畫，也派人前來磋商、談判。弗拉格勒面前的談判對手，突然變成了三家。

弗拉格勒雖然聰明，但此時也沒了主意。他前來請示洛克菲勒。

洛克菲勒的回答斬釘截鐵：「馬上拜訪湖濱鐵路公司的新任董事長迪貝爾，你可以告訴他，我們不打算再使用運河來輸送石油，而是會和他們簽訂合約，每天要租用六十車廂。」

「六十車廂！」弗拉格勒驚嘆了一聲，這是個相當龐大的數字。有這樣的主顧，湖濱鐵路不可能不動心。

洛克菲勒慢悠悠地說道：「弗拉格勒，只要我們拿到了租用證，就可以去和其他兩家繼續談判。但如果他們一開始不同意，我們就假裝要直接去另外兩家。相信我，為了利潤，他們一定會鬥起來的！」

果然，當湖濱鐵路董事長迪貝爾聽到這個數字後，也不由暗自驚嘆。當時，其他煉油企業幾乎都是臨時而瑣碎地租用車廂，有運輸業務時就聯繫鐵路方面，沒有業務時根本不予理會，而洛克菲勒張口就說每天要六十車廂，簡直是天大的生意。

抓住迪貝爾驚訝的機會，弗拉格勒提出了降低運費價格的要求。

當時，從油田到克里夫蘭所需的運費，普通定價為每桶〇・四二美元，從克里夫蘭再到東海岸，精煉油運費是每桶二美元。對此，弗拉格勒說，看在每天六十車廂的份上，必須分別降到〇・三五和一・三美元。

迪貝爾沒有花多長時間計算，就答應了這個請求。他剛被范德比爾特派到湖濱鐵路不久，覺得這筆生意規模如此之大，在運價上優惠一點是值得的。

就這樣，弗拉格勒不辱使命，順利完成任務。

聽說死對頭湖濱鐵路一下拿到了豐厚的訂單，古爾德坐不住了，立即派人前來談判。一八六八年春天，兩家公司達成了祕密交易，洛克菲勒在古爾德名下一個叫亞利加尼運輸公司的子公司中擁有股份。這是第一家為油溪服務的主要輸油管道交易公司。經過這次合作，洛克菲勒的公司在伊利鐵路上的運油費用下調了七五％，在克里夫蘭和油區之間的鐵路貨運價格上享受了十分優惠的待遇。

這兩次談判，結果對洛克菲勒無疑都是非常有利的。但他深知，鐵路方都是老謀深算的商界高手，並不那麼容易就範，因此在談判過程中，他也主動向對方提出了非常誘人的條件，作為對特殊優惠的回報。

例如，洛克菲勒同意，承擔運輸過程中發生火災和其他意外事故後的一切法律責任，他也宣布同意，停止一切水路運輸。在每天六十車廂這一驚人的貨運量上，洛克菲勒更是做出了「驚險的一躍」，實際上，他自己的煉油廠目前並不具備如此高的產量，他的計畫是，與克里夫蘭其他煉油廠進行協調，由他來牽頭組織，從而獲得穩定的貨運量。

鐵路公司當然對此求之不得。從技術上看，他們能因此發運統一的油罐車編組貨車，而不用對來自不同地點、不同貨物的車廂再次進行混合編組，僅僅這樣的變動，他們就能將火車往返紐約的平均用時從三十天減少到十天，還能把一個車組的車廂從一千八百個減少到六百個。

所以，洛克菲勒給鐵路公司帶去的不只是固定的大額訂單，更是迅速下降成本的貨運方式。對此，洛克菲勒非常清楚，自己創造的是前無古人的交易模式。這套交易模式的精髓在於，當市場平穩的時候，運費折扣可以壓低成本、增加群公司收入；當市場競爭激烈時，則可以樹立壁壘，讓企業完美打擊競爭者和追趕者。

洛克菲勒非常清楚，大多數工業行業成功的關鍵，在於控制核心流程、環節或專案。但另一方面，「控制」這個詞以及隨之而來的祕密契約、折扣價格，也毀掉了美國人所推崇的企業自由競爭精神。

今天看來，毀掉自由競爭精神的，或許並不是洛克菲勒一個人，也不是主動迎合他的鐵路公司，而是時代為石油和運輸兩大行業所提供的巨大平臺，沒有這樣的平臺，鐵路無法成為日後美國運輸石油的重要工具，同時，伴隨著鐵路發展，石油工業及其產品也迅速擴展到整個美洲大陸。

與此同時，更不能忽視的，是洛克菲勒控制力的根本來源——並不是有些後人所批評的「擅長欺詐和走捷徑」，而是他所擁有的企業規模。在他獲得運費折扣之前，他就擁有了當時全世界最大的煉油企業，其產量總體相當於克里夫蘭其他三大煉油廠的總和。因此，讓他真正拿到優惠的，是他位居行業頂端的優勢。換言之，無論是誰坐到他的位置上，都會想方設法地促成這次交易。

雖然洛克菲勒和鐵路之間的交易帶給了雙方巨大的收益，但他們之間始終只有口頭協議，從來沒有寫到紙上。這樣，雙方事後都能夠輕而易舉地對此加以否認，不用擔心會流傳出去太多的不利證據。雖然如此，洛克菲勒並不將享受特殊折扣看成是違法行為，也不將其看作是壟斷企業所獨享的特殊優惠，他甚至說，所謂的價目表上標明的運費，全都是胡扯，只是討價還價的依據。

在這一點上，洛克菲勒並未說錯。確實，在他之前，就有煉油廠享受了鐵路公司給予的折扣，尤其是許多小煉油廠，也從賓州鐵路公司那裡得到過特殊優惠。直到一八八七年，州際商業法生效，鐵路運費上的特殊折扣才被認定為非法行為。到一九〇三年埃爾金法頒布之後，這一做法才逐漸消失。洛克菲勒所做的事情，之所以在後來會引起巨大的批評，是因為從來沒有一家企業能像他那樣獲得如此之多的長久的優惠。

無論如何，與鐵路方面達成協議、獲得運費折扣，這是洛克菲勒在一八六九年取得的最大成就。他對此相當得意，但在短暫的興奮消失之後，他又開始重新冷靜地觀察市場，著眼解決更長遠的問題。

標準石油公司登場

一八六九年底，全美石油行業的競爭局面正在變得混亂不堪。數年前，所有人都嗅到伴隨石油噴湧而出的金錢味道，上到投資者，下到小工匠，無一例外都醉心於採油、煉油。在四面八方的投入下，行業生產規模很快就超過了實際需要。到一八七〇年，實際煉油能力居然達到了採油總量的三倍。

煉油行業因此開始了普遍衰退。煉油價格一路下跌，新加入的煉油廠商吃驚地發現，原油和成品油之間的價差被壓縮到最低。即便如此，毫無退路的採油商和煉油商們，也完全無法停止生產的腳步，只能硬著頭皮繼續開動機器。此時，亞當・斯密在《國富論》中所推崇的市場調節原則，也明顯失去了效力。

來自同仁的壞消息，讓洛克菲勒擰緊了眉頭。他知道，覆巢之下無完卵，如果行業情勢惡化下去，即便自己再努力，也難以力挽狂瀾。經過深刻地思考，洛克菲勒決定出手，在拯救行業的同時也擴張實力。

洛克菲勒一針見血地看到了問題的關鍵。他認為，降低過剩的生產能力，才能穩定煉油價格。為此，必須建立真正的卡特爾，讓卡特爾來統一生產量和價格。

建立卡特爾，勢必需要先向公司內引入新的投資者，但誰又能保證，這些人參與到公司的營運管理之後，不會和自己搶奪控制權呢？

洛克菲勒是相當謹慎的，他想出了兩全其美的辦法：建立股份公司。

一八六九年底，洛克菲勒向合夥人們建議：由於公司已經超過有限的合夥經營範圍，按照法律，可以改為合資股份公司。弗拉格勒和安德魯斯認同並支持這個建議。

一八七〇年一月十日，標準石油股份有限公司在俄亥俄州正式成立。

在當時的技術水準下，很多客戶都擔心油品質量不純而引起爆炸。洛克菲勒延續了原有煉油廠的名字，希望能用「標準」二字，推廣良好的品牌形象。

由於成立了股份公司，股權結構得到了清晰的確定。新公司總資本額是一百萬美元，分成一萬股，每股價值一百美元。公司創始人共有五人，分別是：

董事長：約翰・D・洛克菲勒

副董事長：威廉・洛克菲勒

祕書兼會計：弗拉格勒

廠長：安德魯斯

另外，還有一位幕後股東，是弗拉格勒的叔父哈克尼斯，他不參與公司營運，而是在其他周邊事務上提供支援。

在股權分配上，洛克菲勒理所當然地占有優先權，他總共握有二六六七股。哈克尼斯擁有一三三四股，其他三位股東分別占有一三三三股，剩下的二〇〇〇股，全部贈送給了公司的合作者。

這家新成立的公司，此時已然實力不俗。它控制了全美一〇%的煉油業務，還有一家油桶製造廠、幾家倉儲基地、一組油罐車和運輸硬體設施。洛克菲勒如同望子成龍的父親，對公司寄予了厚望。在隨後的一次會晤中，他毫不掩飾地告訴競爭對手：「總有一天，所有的煉油和製桶業務都要歸標準石油公司所有。」

為了實現這個夢想，洛克菲勒建議，從自己開始，公司所有負責人都不應該領取薪資，只能從公司的紅利和股票收益中獲得提成，這樣才能有足夠的壓力和動力去努力工作。這一決策被弗拉格勒執筆，寫入了公司條例中。後來人們發現，條例只是寫在廉價的法律公文紙上，紙張質地很差，看上去毫不起眼。

同樣毫不起眼的，還有公司環境。這家日後成為全世界最大托拉斯的公司，此時在公共廣場旁四層樓房中一間不起眼的辦公室裡營運。洛克菲勒和弗拉格勒共用這間辦公室，裡面有四把黑色椅子、一張黑色皮沙發，此外只有冬季取暖用的壁爐。整間辦公室昏暗而壓抑，看上去很難和財富、雄心、地位聯繫在一起。但洛克菲勒對這樣的環境非常中意，他從來不希望用豪華奢侈來炫耀生意上的成就。

事實上，此時也的確沒有什麼好炫耀的。公司股份化的頭一年，投資者們依舊裹足不前，幾乎沒有人前來諮詢參與投資的事情。一方面，「黑色星期五」的華爾街金融恐慌浪潮，剛剛過去不到半年，許多有名的企業家心有餘悸。另一方面，人們對這家新公司有所懷疑，有人覺得洛克菲勒固然年少有成，但想要建立強大的卡特爾（或稱企業聯合、同業聯盟），終究還是會遭到重重阻力。

對懷疑的反擊很快用事實呈現。標準石油公司開業的第一年，洛克菲勒為公司的股票分配了一〇五%的紅利。一八七一年，公司宣布分配了四〇%的紅利，此外還略有盈餘。

與此同時，行業環境繼續惡化，成品油整體價格下降了二五%。對此，洛克菲勒幾乎生平第一次感到信心搖動。他無可奈何地拋售了少數公司股份，這讓他的弟弟、副董事長威廉都感到吃驚：「你這麼著急拋售，讓我覺得有些不安。」

幸運的是，公司很快迎來了擴張的機會。

一八七一年，洛克菲勒找到了第一個吞併的獵物。對方是紐約一家主要的石油採購商，名叫波斯特維克－蒂爾福德公司。它擁有數量不菲的運輸船，還有一個大型的煉油廠。洛克菲勒果斷出價，買下這家公司，為標準石油在關鍵時刻帶來了強大的採購力量。隨後，他狡猾地耍了一招瞞天過海，將其重新命名為J・A・波斯特維克公司進行註冊，從而在法律上獨立於標準石油，但實際上卻是標準石油下屬部門之一。這一招，在日後又會成為他被攻擊的重要理由：石油採購價格此時是由各交易所組成的辛迪加來制定，而洛克菲勒這麼做，等於繞過了市場規矩。

隨著公司規模有所擴大，標準石油用事實證明了自己的實力，並很快吸入新鮮血液。

一八七二年一月一日，執行委員會通過決議，公司資本擴張到二百五十萬美元，第二天又擴張到了三百五十萬美元。新資本固然可喜，強勢的新股東更加可貴，他們中有好幾位來自克里夫蘭的銀行業界，有著豐富的商業、金融和管理經驗。在經濟不景氣、行業競爭過度的時局下，洛克菲勒依然能吸引到這些同盟者，再一次向外界證明了其信心和能力。

在會議上，洛克菲勒意氣風發。他鄭重宣布，一定要努力擴大標準石油公司，著手吸納更多投資者加入，從而對整個石油業產生保護作用。執行委員會回應了他的表態，順勢做出歷史性的決定：所有人同意從新的一年開始，收購克里夫蘭以及其他地區的部分煉油廠。

此時，一些敏感的戰友們或許已意識到，拿下克里夫蘭，只是洛克菲勒野心計畫的第一步，隨後他的目標將會是整個美國乃至全世界的石油行業。計畫能否成功，此時雖尚未可知，但洛克菲勒穩紮穩打的決策力與執行力，讓所有人感到心中有底。

伴隨著標準石油股份有限公司的新生和壯大，剛剛年過三十的洛克菲勒，開始大張旗鼓地走向壟斷的道路。但他並沒有想到，一場大西洋對岸的戰爭，差點改變了他的命運軌跡。

南方開發公司

一八七〇年夏，普法戰爭突然爆發了。

挑起這場戰爭的，是著名的普魯士鐵血宰相俾斯麥。他出生於容克貴族世家，擁護君主主義，主張以普魯士的強大武力實現德意志的統一。一八六七年，他領導普奧戰爭，打敗了奧地利，成立了北德意志聯邦。由於南德的幾個邦國受到法國國王拿破崙三世的阻撓，堅決抗拒統一，俾斯麥決定，繼續用戰爭來解決問題。恰好，拿破崙三世為了重現法蘭西榮光、建立歐洲霸權，也在積極準備應戰。

就這樣，普法戰爭迅速爆發。戰事剛開，美國經濟就受到了重大影響，尤其是石油業。因為海上運輸線完全中斷，對歐洲的石油輸出被迫暫停。而美國國內的照明和燃料費用，此時卻高於普通家庭的衣食住行費用，因此銷量有限。這種情況下，賓州的原油出現大量生產過剩，煉油企業主的神色越來越凝重。

當神色凝重的企業主們坐到一起之後，各種各樣的生產協會開始出現，有「經濟不景氣卡特爾」，有「生產地卡特爾」，一通會商後，大家提出要「停採三個月」之類的協議，從而控制價格，保護所有企業的利益。但這樣鬆散的協議，根本就限制不了參與者，一些希望能獨吞利潤的企業主，晚上剛離開會議桌，夜裡就偷偷打開油井繼續採油。結果，原油價格繼續下跌，到了一八七〇年年底，每桶原油價格下跌到三・二五美元。

此時，憑藉著鐵路運費折扣的優勢，標準石油公司受到的影響並不算太大。但洛克菲勒卻猶如遠在歐陸的俾斯麥，在混亂不堪的局勢中看見未來的王座。他對弗拉格勒說，打算趁中小企業受到衝擊，進一步謀求發展，向匹茲堡、向整個美國東部擴張！

之前，洛克菲勒一直在用價格控制來謀求實現上述目的。他的石油產品價格因地而異，在競爭激烈的地方拼命降價，在獨占市場上則成倍抬價，但現在，講究實效而且習性節儉的洛克菲勒，決定不再用原有的價格戰去打壓中小企業，並最終吞併它們。雖然操縱價格不失為精準的競爭手段，但洛克菲勒已經發現其中存在的風險：浪費成本和利潤，也消耗自身精力。

洛克菲勒看見的最新動向是，原油產區的開採商們已經聯合起來，組建了生產協會。對此，洛克菲勒流露出少有的擔心，他認為如果生產商和當地的煉油企業主聯合起來壟斷市場，必然會對他的公司構成威脅。

在與弗拉格勒的不斷商討中，洛克菲勒確定了下一步戰略方向：既然對方能夠結盟，為什麼我不能以標準石油公司為核心，吞併其他公司？這樣，不就能夠解決精煉油產品過剩、價格浮動不定的問題了？

這個構想，在當時並沒有完全被書面記錄下來，卻成為日後「南方開發公司」的雛形。從提升企業經營效率來看，這個方案非常有先見之明。洛克菲勒並不試圖只讓自己的公司成為最佳，而是打算直接收買那些在某個方面有價值、有競爭力的同行，然後將公司合併起來，統一管理、統一價格。這種在未來大企業之間普遍行之有效的收購行為，可以說正是從洛克菲勒那兒開創的。透過兼併，大企業避免了廠房設備、勞動力與成本的浪費，有效整合了生產資源。

在確定這一戰略後不久，南方開發公司如同天賜良機，出現在洛克菲勒面前。

一八七一年底的某天，洛克菲勒因為生意來到紐約，下榻在聖尼克拉斯大飯店。

這天晚上，酒店套房裡寂靜無聲，壁爐裡的火焰舔舐著木柴，間或發出劈里啪啦的聲音。洛克菲勒與弗拉格勒坐在壁爐前，他們靜靜地看著火焰，沒有人說話，他們都在耐心地等待著一個人。

十二點剛過，門被推開了，進來的是弟弟威廉，他身後還有位陌生的客人。

兩人在壁爐前落座，威廉抬手介紹說：「容我介紹一下，這位是瓦特森先生，是范德比爾特先生最得力的助手！」

「你好，瓦特森先生！」洛克菲勒緊緊握住對方的雙手。他知道，此人來歷不同尋常，在南北戰爭時期，他擔任陸軍助理次長，負責北軍全部的物資運輸任務，是個非常厲害的角色。他和另一位陸軍助理次長湯姆・史考特，既為北軍出謀劃策，又上下其手大謀私利。由於積累了充分的人脈關係和業務經驗，瓦特森之前就已經被范德比爾特任命為湖濱鐵路公司董事長，取代了原先的迪貝爾。

兩人的手剛放開，弗拉格勒立即開門見山地說道：「這麼說，瓦特森先生，是代表史考特先生來的？」

看似冒昧提出的問題，其實早在談判前就已準備好。洛克菲勒早就瞭解到，當時擔任賓州鐵路公司董事長的史考特，與瓦特森聯手拉攏了其他小鐵路公司，壟斷了運費的定價權，讓匹茲堡附近的煤礦主慘敗而歸。這一次，瓦特森主動提出來見面磋商，很有可能就是史考特在背後指揮。

瓦特森果然是見過世面的，他並沒有對這個問題感到驚訝，而是彬彬有禮地說道：「當然，我和史考特先生，都想和貴公司合作。」

洛克菲勒的臉上並沒有什麼表情，但他的目光在鼓勵瓦特森說下去。

瓦特森微笑著說道：「諸位應該也知道，史考特先生現在已經出任德州（即德克薩斯州）太平鐵路、聯合太平洋鐵路公司的董事長，是鐵路界最有影響力的領袖之一。這一次我來紐約，已經和長島的煉油企業達成了協議，現在希望貴公司和紐約中央鐵路，加入由史考特先生所倡議的聯盟。」

洛克菲勒在心中不斷盤算著：如果加入聯盟，就意味著可以依靠史考特所代表的鐵路力量，去擊敗克里夫蘭的所有競爭對手；但同樣也意味著，新的運費戰爭又要打響，自己能不能保證不犯下匹茲堡煤礦的錯誤，被鐵路方面牽著鼻子走呢？

瓦特森繼續說道：「我還可以保證，范德比爾特先生也支持這個聯盟，他最近好像還要和古爾德先生見面，討論一起加入聯盟的可能。」

聽到這裡，洛克菲勒決心已定。因為他清楚，如果這兩位加入聯盟，那麼形勢就完全不同了，自己已經不能再遲疑下去。

就這樣，在這天夜裡，雙方達成了祕密協定，洛克菲勒答應加入史考特所組織的聯合體。

當時，誰也沒意識到，這次會見，成為影響美國商業史走向的標誌性事件。壁爐前通過談話所最終達成的默契，代表美國企業開始從鬆散的「卡特爾」、「辛迪加」等聯盟，逐漸走向完全壟斷之路。

一八七一年，洛克菲勒和其他一些煉油企業主，多次在紐約和史考特、范德比爾特、古爾德等鐵路公司老闆舉行祕密會議。最終，他們確定同意使用史考特的提議，組成的聯合體以不引人注目的「南方開發公司」為名。在洛克菲勒的強烈要求下，這家公司允許瓦特森作為范德比爾特的代理人加入，董事長也由他擔任，至於其他的鐵路大老闆，都退居幕後。

在這家公司中，洛克菲勒、威廉和弗拉格勒每個人占一八〇股，共計五四〇股。由於公司最初資本額定為二十萬，分為二〇〇〇股，標準石油公司也成為聚光燈下最大的股東。

一八七二年一月，在南方開發公司的第一次會議中，多項驚人的談判結果就此公布：

首先，各家鐵路公司利益均分。賓州鐵路、紐約中央鐵路、湖濱鐵路、毅力鐵路、大西洋及西部鐵路等公司進行祕密內定，分配了每家公司的運輸比率。

其次，石油運費雖然有小幅度上升，但每個企業都能拿到祕密的折扣。

其中，標準石油公司的運費，從一八七〇年拿下的一・六五美元，上升到二・八美元，但洛克菲勒還是感到心滿意足，因為會議讓其他所有競爭者，都必須付出更多運費。

這次會議所形成的封鎖政策，如果真正得以行使，會讓所有未能參加聯合公司的企業遭到滅頂之災。為了強化對成員的約束，會議規定，如果有任何鐵路公司接下了南方開發公司之外的企業的生意，就要遭受罰款；各家鐵路公司必須將每日的貨運清單送交南方開發公司進行檢查；不僅如此，每家成員廠商都有權審核鐵路公司的帳本，查看其是否有不合規定的交易。

總體來說，南方開發公司成立的唯一目的，就是要確保鐵路和石油行業中既得利益者的位置，即便其中的參與者需要交出一定的自主控制權，他們也在所不惜。

智者千慮必有一失，當所有參會者高舉香檳酒杯時，他們並沒有預料到後來的事情。甚至連洛克菲勒也沒有想到，充滿壟斷野心的南方開發公司，雖然此時承載著轟轟烈烈的夢想，卻很快讓自己遭遇了人生中的第一次重大輿論質疑。

在抗議聲中崛起

世界上沒有不透風的牆，洛克菲勒和其他十二家石油企業簽訂祕密協定之後，南方開發公司僅僅運行了兩個月，其背後的祕密就徹底暴露了。

二月開始，關於鐵路運費即將飆升的流言，在賓州傳播開。二月二十六日，油溪區的採油企業主們帶著疑惑，翻開各家晨報的頭版，赫然發現流言是真的：運價在一夜之間，對所有廠家都漲了許多。而洛克菲勒與其他十二家煉油商，則不在價格調漲的名單中，他們都屬於南方開發公司這一幽靈般的集團。

對企業主們而言，報上的這條消息並非開戰號角，而是一份倒閉通知書，因為沒有任何原油生產企業，能承擔如此大落差的運費成本。於是，企業主們放下手頭的工作，轉而組織工人們走上街頭，聚集在一起表示抗議和譴責。二月二十七日晚上，有三千多人衝進克里夫蘭的泰特斯維爾歌劇院，他們憤怒地發表演講，揮舞標語，將洛克菲勒和他的同謀們，稱為「妖魔」、「陰謀家」與「強盜」。

諷刺的是，後來成為標準石油公司接班人之一的約翰・阿奇博爾德，此時正是演講者中最慷慨激昂的一位。他經營著一家不大的煉油廠，無論到哪裡簽名，都用「每桶四美元」作為首碼。當初，也有人企圖將他拉進南方開發公司，但他果斷回絕了，此時，他站在人群中間，高呼著：「這是絕望的人們，最後一次決戰！」

阿奇博爾德雖個子矮小，但他表現出了無畏的氣勢。這個夜晚之後，他被所有人推舉為新的原油開採商聯盟領導者，這個聯盟決定對南方開發公司實行報復性措施，限制原油開採量，將之減少三〇%，並在三十天之內暫停鑽探，即便手中有原油，也只賣給南方開發公司之外的煉油商。阿奇博爾德將這樣的行動，稱為「大封鎖」。

與聯盟上層的清醒相比，底層員工對個人境遇充滿了擔憂與恐懼，在新聞媒體的煽風點火下，這些負面情緒不斷蔓延，迅速形成了集體的憤怒與絕望。於是，抗議局面很快升級為直接行動。

許多人在知道了洛克菲勒在南方開發公司的核心地位後，就將矛頭直接指向了標準石油公司。他們只要看到標準石油的油桶，就會在上面畫上骷髏和交叉的骨頭形象，他們還在街上鼓動焚燒標準石油公司的油桶。破壞者甚至找到相關的鐵路公司，砸毀停在月臺的油罐車，將油全部傾倒出來，並一節節拆毀鐵軌。

此時此刻，誰也不記得，洛克菲勒曾經是個衣著整潔、安靜地在教堂做禮拜的年輕人。現在，在所有的宣傳中，他都是應該受到上帝懲罰的惡魔。但是，如此的破壞與攻擊，並沒有讓洛克菲勒動搖，反而讓他更加堅定地相信，這些小企業主們所構成的生態，只是無知者、冒險家樂在其中的下等社會，對提升整個行業的水準幾乎毫無價值，除非能出現強有力的人去管理他們。為此，洛克菲勒告訴盟友們，標準石油公司才是井然有序的強大組織，而其他那些原油生產商、煉油商，都是粗野而容易衝動的小人。他們只要聽見挑唆，就會到處胡作非為。

洛克菲勒顯然確實相信上述論點，因此他不屑於利用新聞媒體，對外開展口舌之戰。他拒絕去見成天等在門口的記者，還建議弗拉格勒也不要說話。他所做的唯一應對，就是在聽說有人威脅要取其性命時，增加了辦公室和家周圍的保安人員，並在床邊放上了一把左輪手槍。

終其一生，洛克菲勒都對各種批評不置一詞。他自認為，這樣的態度才符合老派基督教徒的信仰，才顯得胸有成竹、巋然不動，但在媒體和民眾看來，這樣的表現完全是因為他自認有罪，希望逃避現實。結果，和所有敢於並能引領時代的企業家一樣，洛克菲勒越發確信，自己的行動之所以會被誤解和抵制，是因為普通人目光短淺，只看到眼前利益，而不願意接受新興力量所代表的真理。

雖然洛克菲勒不願面對新聞，但報上的壞消息接二連三。原油開採商聯盟有計劃地管理每個成員企業，總共有十六個委員會夜以繼日地巡視油田，負責阻止任何人向南方開發公司出售原油。失去了原油供應，南方開發公司聯盟中的所有煉油廠，幾乎都頓時無事可做。洛克菲勒接到報告稱，標準石油公司下屬的三家大煉油廠幾乎全線停工，九〇%的雇員不得不回家休息。

同時，原油開採商聯盟還在不斷延伸戰火。他們派出的代表去了哈里斯堡，向州議會遊說廢除南方開發公司的特許證。另一個代表團則直接到了華盛頓，向美國國會提交了足足有九十三英尺長的簽名請願書，要求對整個石油行業進行調查。

最為致命的消息在三月底傳來，紐約的煉油商全部加入了反南方開發公司的聯盟。這樣，實力對比發生了扭轉性的變化，南方開發公司幾乎毫無勝算。四月份，瓦特森決定，退出南方開發公司。洛克菲勒失去了鐵路公司這一強大盟友。同時，賓州的立法機構宣布吊銷南方開發公司的執照。

一八七二年四月二十八日，洛克菲勒終於承認遭受創業以來的第一次「失敗」。他向盟友與採油商宣布，南方開發公司之前和鐵路簽訂的合約，全部無效。這次，他終於沒有拒絕自辯，他說：「我要鄭重聲明，在油區以及其他地方流傳的，所謂本公司或公司裡任何人提出征服石油業的說法，完全是無稽之談。」洛克菲勒很可能並不是在說謊，因為他為南方開發公司設定的長遠目標，是確保石油行業能獲得集中、穩定而高效有力的發展，為此，必須犧牲那些小油廠。他堅定地認為，自己的動機是神聖而正確的，人們對其投出的批評和謾罵，並非出自正義，只不過是出於嫉妒與虛偽。

伴隨這一聲明的發出，南方開發公司所引起的熊熊戰火，終於暫告平息。

早在停戰之前，採油商聯盟內就出現了鬆動跡象。不少小企業無法忍受利潤不斷下降，便主動打破僵局，和石油掮客們勾搭起來，將原油賣給標準石油公司。現在，既然共同的敵人業已消失，聯盟更是土崩瓦解。原油生產區很快恢復正常的採油和供應，畢竟，長達數月的封鎖供應行動，也讓它們元氣大傷。

作為採油商聯盟的創建者，年輕的阿奇博爾德一度得意洋洋，他真的以為洛克菲勒在這場戰爭中損失慘重，就像報紙上宣傳的那樣，是主動退卻。

然而，當初出茅廬的阿奇博爾德從喜悅中冷靜下來，開始理性清點戰果、分析局勢時，他才赫然發現，洛克菲勒與他的標準石油公司，依然是最大的贏家。

阿奇博爾德驚訝地看到，從南方開發公司成立的消息傳出，到洛克菲勒最終宣布終止參與，在數月的輿論抨擊、原油禁運和內外紛爭之後，標準石油公司的規模非但沒有減小，反而變得越發龐大。此時，出現在克里夫蘭地平線上的，是一家包含了三十多家企業、一千六百多名員工，資產額高達二百五十萬美元，具有精煉一萬桶原油能力的資本巨獸，在這頭巨獸那躍動的碩大心房裡，端坐的正是那個幾乎從不露面的傳奇人物：洛克菲勒。

阿奇博爾德對此大惑不解。洛克菲勒，他究竟是什麼樣的人？他如何做到了這一切？

薔薇，我只要一枝獨秀

幾十年後，當許多美國歷史學家研究這段南方開發公司的商戰歷史時，也和當年的阿奇博爾德一樣，在震驚之餘發出喟嘆。他們感慨地說：「洛克菲勒根本就不是一個普通人。任何平常人面對那樣的輿論攻擊，勢必會深感受挫，繼而信心瓦解。然而，洛克菲勒卻能像什麼也沒有發生一樣，仍然執著地沉迷在自我的壟斷幻想中。」

洛克菲勒不僅執著於幻想，更重要的是，他此時具有堅忍不拔的鬥志、捕捉時機的敏銳，以及可供調配的巨量資源。無論外界如何戰火紛飛，他看到的永遠不會是重重障礙，而是通向壟斷巔峰的道路。建立南方開發公司也好，操縱運費價格也罷，都不過是這一道路上的必經步驟，同樣必經的，還有「併購」環節。

在商業上，洛克菲勒只信奉弱肉強食、自然選擇的原則。在其社會達爾文主義的競爭觀中，「併購」這一市場行為不但合法合理，更是身為天選之子的強者對弱者的「拯救」。在他看來，這種「拯救」完全符合商業道德與社會規律，也是上帝對虔誠努力者的應許，只有經過不斷的併購，強者才能承擔更多責任、創造更大財富，而缺乏經營意識和競爭才能的弱者，則遲早都應匍匐在其王座之下，接受必然的命運。

在商業競爭中，洛克菲勒從來沒有任何善心。他根本沒有考慮過，市場其實完全會自發淘汰那些弱小者，他內心升騰著吞噬行業的熊熊火焰，只是因為他預料到石油價格會因為產量將隨時創造新紀錄而停滯不前。這種緊迫感，促使他必須伸出手去加速市場「絞肉機」的旋轉，儘快把弱者從行業裡驅除出去。

一八七一年時，南方開發公司協議尚未出現，洛克菲勒併購的槍口，最先指向了克拉克—佩恩公司。

選擇這家公司作為第一個獵物，很可能與個人恩怨有關。洛克菲勒剛出道時，曾和該公司的合夥人詹姆斯・克拉克有過矛盾。現在，則是用金錢結算的時候了。相比對克拉克的討厭，洛克菲勒卻很欣賞該公司另一位合夥人奧利弗・佩恩。佩恩是他的中學同學，後來畢業於耶魯大學，在南北戰爭中因功而被授予上校軍銜，是政治家亨利・佩恩的兒子。他家世顯赫，一八五四年迫使日本開埠通商的馬修・佩里海軍準將，是其家族旁支的成員。佩恩此時尚單身，待人雖然彬彬有禮，卻總流露出冷漠嚴肅的氣質。不過，洛克菲勒卻很欣賞佩恩，覺得他是最容易突破的環節。

一八七一年十二月，洛克菲勒與佩恩在克里夫蘭商業區一家銀行的會客室見面。寒暄已畢，洛克菲勒立刻描述了標準石油公司的未來前景，他說，自己打算透過擴大這家公司，將石油產業變得龐大而高效。隨後，他直截了當地問道：「如果我們能夠在資金數額和條件上達成一致，您是否打算加入？」

佩恩心知肚明，無論是資金實力，還是管理經驗，本方都無法和標準石油相提並論。但他對合併一事又有所顧忌，於是他謹慎地說道：「關於合併，我是贊同的。不過，能否允許我看看貴公司的帳本？」

洛克菲勒早有準備，一疊帳本馬上被送到了佩恩的面前。會客室裡頓時鴉雀無聲，只有佩恩翻閱帳簿時發出的輕微聲音，洛克菲勒胸有成竹地等待著。他知道，眼前的這隻「獵物」，已經距自己越來越近。

半晌，佩恩「啪」的一聲合上了帳本，站起身來。不等洛克菲勒說話，他就滿臉敬佩地說道：「洛克菲勒先生，我對貴公司的實力非常清楚了！我想，我們需要一個評估機構，來算算我的工廠究竟值多少錢。」

就這樣，第一次收購意向順利達成。不久，佩恩和克拉克商談之後，同意用四十萬美元的價格，出售煉油廠。洛克菲勒雖然知道這個價格有點高，但依然同意了。這次併購，讓此時年僅三十一歲的他，繼續坐擁著全世界最大的煉油企業。更重要的是，這次成功的收購，成了洛克菲勒不久後發動閃電收購戰的預演。

一八七二年二月，阿奇博爾德組織的原油開採商聯盟開始執行「大封鎖」，洛克菲勒知道，大收購的時機到來了。

來自標準石油公司的信使，如同鴿子群般飛向克里夫蘭。在那裡，一個個銀行總裁祕密接到了條件豐厚的協議。協議是洛克菲勒早就準備好的，他以堅定而慷慨的口氣，承諾用誘人的公司股票，來換取銀行家們的支持。很快，各大銀行總裁、各分行經理，全都成了標準石油公司的股東，中小煉油廠再也無法從銀行手中得到貸款，再加上阿奇博爾德同時發動的「大封鎖」，這些油廠面臨著資金和原料的短缺，全都奄奄一息，幾近倒閉。

此時，洛克菲勒的第二批「鴿群」，又朝向克里夫蘭飛去。中小油廠的老闆，帶著鬱悶至極的心情，接過了標準石油公司的建議書。

在建議書中，洛克菲勒是這樣說的：「如您所知，標準石油公司的計畫正在啟動中。這意味著，我們將要對石油行業實行絕對的控制。外人是絕對沒有機會的。再看看現在的形勢，相信您更會理解。不過，我們打算給每個人加入的機會，您可以將煉油廠交給我們的評估機構，在評估之後，我們會給您相同價值的標準石油公司股份或者現金，隨便您怎樣選擇。不過，我們建議您還是選擇持股，因為這確實對您有利。」

毫無疑問，這不啻對輸家的最後通牒：投降，還是去死？中小煉油商們本來已經焦頭爛額，再看到充滿威脅意味的勸降書，頓時感到能夠選擇的空間，早已微乎其微。在巧妙的誘導和威逼之下，不少中小業主相信了洛克菲勒，加入了標準石油公司。

當然，也有些企業主因為頗具實力，對建議感到懷疑，洛克菲勒就會彬彬有禮地與他們約定時間，促膝而談。他和顏悅色而彬彬有禮，耐心地向對方解釋說，加入標準石油公司，對大家都有各種各樣的好處；反之，由於原油開採商聯盟的封鎖，如果拒絕加入，只會面臨死路一條。為了顯得坦率，他還進一步暗示說，到那時，標準石油公司開出的合併價格，很可能會比現在低得多。

一位名叫約翰・亞歷山大的煉油商，經歷了這段時間，留下了不堪回首的回憶。他說：「當時有一股情緒，始終籠罩在我心頭，同時也壓在克里夫蘭幾乎每個從事石油行業的人們心上。我們感到，除了參加南方開發公司之外，就不會有任何出路了。如果不賣掉工廠，我們一定會被擊垮，因為有人暗示說，他們和鐵路即將有個合約，透過合約，他們就能隨時將我們打倒在地。」

不過，洛克菲勒從來不承認自己用南方開發公司去嚇唬過任何人。他說，自己的併購請求都是「友好」而「禮貌」的。他或許並沒有說謊，但人們還是有足夠理由懷疑，他的手下利用資訊不對稱，在談判中對傳聞添油加醋，讓正處在危機中的那些企業主變得提心吊膽。例如，福希特－克里奇利公司的合夥人，J・W・福希特，直到二十世紀初，還對當時的併購耿耿於懷。他說自己那時得到消息：「標準石油公司有了鐵路方面的撐腰，他們能夠操縱運價，使得中小公司再也無法運輸原油……」當時，福希特親眼看見不少同行都交出了企業，他唯恐自己落後，也加入了標準石油公司。但他很快就宣稱，自己是被人巧妙地欺騙了。

相比「欺騙」，更為嚴重的指控，是另外幾個煉油商所聲稱的「威脅」，有人說，洛克菲勒的信使不懷好意地說：「請小心，洛克菲勒的天鵝絨手套裡，藏著可怕的鐵拳。」

與這些指控相比，併購談判在洛克菲勒的口中卻截然相反，簡直是一種傳播大愛的慈善行為。他告訴那些弱小的企業主：「我們是來發揮你們的能力，幫助你們實現事業宏圖的，讓我們團結一起，精誠合作，更好地共同保護自己。」由於對自己說的這些深信不疑，洛克菲勒嚴厲斥責那些企圖反對標準石油公司的人，說他們短淺、毫無追求，另外，他還向猶豫的小企業主們許諾，只要持有標準石油公司的股票，遲早都會富貴榮華、萬事不愁。

然而，白紙黑字的併購協議，與口頭的承諾自然有所差別。當洛克菲勒開始評估這些中小企業時，他就表現出資本追逐者的另一面——貪婪、現實、精明乃至狡詐。由於這些煉油廠遭受到貸款和原料上的打擊，陷入虧損境地，洛克菲勒就採用了非常嚴苛的評估方式。他將許多工廠的收購價格，認定為原先造價的四分之一，甚至相當於收購廢品的價格。那時，還沒有所謂的無形資產評估體系，無論企業原先是否生意興隆、是否深受老客戶喜愛，洛克菲勒對此都一概不予承認，或者只付出最少的補償。對此，他解釋說：「一個虧損的公司，其商譽再好，又能值多少錢？」

不過，人們也不應形成錯誤印象，以為洛克菲勒在每一次收購中都占了便宜。從整體上看，他的收購還是儘量公道的，他經常出於戰略目的考慮，為併購優良的企業資產而付出更多資本。同樣，如果他真心想要吸收加入標準石油公司的企業主，他從不會採取任何威脅恐嚇手段，而是坦誠以對，希望與對方建立真正平等、緊密而雙贏的合作關係。

在採用種種矛盾的言行、做法之後，一八七二年的二月十七日到三月二十八日，洛克菲勒一口氣吞併了克里夫蘭原有二十六家煉油企業的二十二家。在三月初，他更是在短短四十八小時之內，就一口氣買下了六家煉油廠。當他拿到這些企業之後，卻並非全都經營下去，對其中不少工廠，他直接加以關閉，目的在於削減生產能力。他說，那些關閉的工廠，都是陳舊的垃圾，因此也只能被扔到廢鐵堆中。

總之，在這一年，洛克菲勒憑一己之力，推動了石油市場淘汰落後企業的速度。後來的事實，彷彿證明了他此前的預言，克里夫蘭少數幾家依然在獨立經營的煉油廠，雖然又堅持了幾年，但最後還是沒有撐下去，全部以關閉、破產黯然收場。從時代發展的客觀環境來看，那時的石油行業正處於南北戰爭之後的工業化熱潮中，由於沒有任何管制，所有的企業家都必須一邊努力經營，一邊參與制定競爭規則。洛克菲勒代表了當時的一類觀點，其信奉者認為，遊戲規則的建立是確保行業健康發展的基礎，而制定遊戲規則之前，必須要甄選出有資格參與制定的人選。為此，美國人所信仰的自由競爭的資本主義理念，遭到了前所未有的挑戰，更多人希望用「壟斷」這一高效的手段，促成新興行業的規範。因此，洛克菲勒對併購閃電戰做出的總結陳詞，就並不像後來美國媒體描述的那樣虛偽。當時，他確定地說：「我們是被迫進行併購的，是為了保全自己。石油行業一塌糊塗，越來越糟，必須要有人出來主持大局。」彷彿如同看到了未來的先知，他堅決地說：「時機已經成熟了，合併的日子已經到來，各自為政的傳統已經過時，而且一去不復返了！」

在洛克菲勒之前，確實也有過壟斷的嘗試。在歐洲，行業工會和國有經營的企業，都曾與壟斷概念發生過種種聯繫。而在一八七二年的美國，許多商業領袖，也都在嘗試更大程度地控制其所在行業的生產、運輸和價格，例如，以電信為主業的西部聯盟，在此時忙於併購小電報公司，而紐約中央鐵路，也已經透過收購，將大西洋沿岸到芝加哥的幹線整合起來。洛克菲勒的標準石油公司，同樣獲得了壟斷的成功，只不過其速度太快、反響太大，以至於在當時和日後，都成為批評者的目標。

毫無疑問，這段光輝的併購戰史，不僅讓阿奇博爾德這樣的後起之秀目瞪口呆，也讓洛克菲勒自己銘記。一九〇五年時，他在布朗大學演講，說過一段著名的話：「**當紅色薔薇含苞待放時，唯有剪除周圍多餘的枝葉，才能令其在日後一枝獨秀，綻放最豔麗的花朵。**」許多人認為，這段名言，實際上是洛克菲勒對併購意圖的最佳解釋，那些「多餘的枝葉」，就是他想方設法要予以消滅的同行，而他苦心孤詣所打造的標準石油公司，才是唯一的紅色薔薇，才是最符合上帝旨意存在的行業主角。

一八七二年底，洛克菲勒的標準石油公司，控制了全美國四分之一的煉油能力。他買下了巨大的「森林山」莊園，整整占地七百英畝，並將人丁興旺的家庭搬到了這裡。但他並不是在這裡享受安逸的，繼續提升事業的夢想驅動著他的熱情，從「森林山」出發，他要讓石油帝國變得空前龐大，超出所有人的想像。

第四章

石油帝國／雷霆之力

（一八七三—一八九五年）

徹底兼併之路

經過一輪迅猛的併購，標準石油公司每年已經能運出一百萬桶成品油，每桶獲得利潤一美元左右。儘管如此，洛克菲勒依然覺得企業的根基並不牢固，因為鐵路公司又恢復了原有的運輸價格，這讓他感到頭疼不已。為了拿到足夠與鐵路談判的牌，他重新嘗試採用類似南方開發公司的聯盟方式，去對行業資源進行新的整合。

一八七二年五月，此時距離南方開發公司的失敗只有經過一個多月。洛克菲勒和弗拉格勒悄無聲息地來到匹茲堡，在這裡，他們會見了當地最大的三家煉油廠的老闆。隨後，他倆又坐火車去往泰特斯維爾，並帶去了一份成立新協會的計畫。這個計畫設想，成立一個新的煉油商卡特爾，由卡特爾的中央董事會負責和鐵路公司談判，爭取新的優惠運費。為了避免上一次的錯誤，協定特別說明，這個卡特爾歡迎任何煉油廠加入，但它們必須同意總裁由洛克菲勒擔任。

可惜，這份「匹茲堡協議」並沒有馬上在泰特斯維爾那裡得到歡迎。雖然洛克菲勒拜訪了不少企業老闆，但對方表面上的尊敬和惶恐下，埋藏著深深的敵意與防備，他們並不相信，參加這個卡特爾真的能夠獲得長遠利益。在一次公眾集會上，弗拉格勒慷慨陳詞說：「我們並不是來搞垮這個行業，而是來拯救它的！」但回應他的，卻是聽眾的起哄和嘲笑。

儘管如此，當阿奇博爾德看出其中利益所在，並迅速簽字之後，越來越多的企業主也幡然醒悟，加入了「匹茲堡協定」。當年九月，以該協議為框架，「全國煉油工業協會」成立了，洛克菲勒出任協會總裁，油溪區的范登格出任副總裁，東部煉油企業的代表派特擔任了財務經理。由於協會對所有煉油企業完全開放，領導人員的結構又相當合理，因此沒有招來任何非議。

協會總部規定了每日開採原油的數量及配額，並規定除了在協會人員的監督之下，各企業不可自由買賣原油。另外，協會總部表示願意接受各種批評意見，而且在五年期限之內，任何企業會員都可以提前一年通知並退會，如果某個地區有四分之三的退出者，那麼整個地區都能退會。

新協會開始運轉之時，產油商們也發覺好日子遠未到來。南方開發公司失敗後，大封鎖解除了，各家油井競相開採，原油月產量從一萬二千桶猛增到一萬六千桶，結果導致市場價格猛降，誰都無法賺錢。歐洲市場新出現了價廉物美的煤液化油，全面排擠進口產品。全美各地資本紛紛看中產油區，越來越多的商人來到這一地區投資，總額達到五千萬美元。內外交困之下，產油商們面臨著嚴重困境。

為了解決麻煩，產油商們決定效法「全國煉油工業協會」，成立新的「原油生產協會」，會員包括各個石油生產企業主。他們希望通過協會，對內管控產量與價格，對外則與洛克菲勒領導的煉油企業聯盟友好合作。

一八七二年夏天，「原油生產協會」正式成立，並通過了章程，規定共同出資，成立一家「原油代理公司」，投資一百萬美元，向所有產油商購買原油。價格上每桶不低於五美元，如果市價相當於五美元，則付給現款，如低於五美元，則將油儲存在庫裡，付給一半現款、一半儲藏的收據。如果市場價格持續偏低，那麼就要有公司出面進行調查統計，採取方法來提高市價。

這個協定得到了大產油商的贊成，但小產油商並不願意合作，因為他們害怕加入之後，就會丟掉對自身的控制權。正當雙方僵持不下時，洛克菲勒展開了行動。一八七二年十二月十九日，他與原油生產商代表在紐約第五大道飯店見面，陳述了所謂的「泰特斯維爾條約」。條約墨跡未乾，洛克菲勒就宣布，馬上開始以每桶四．七五美元的價格，向產油地收購原油。

還沒等產油商反應過來，大批的代理人就帶著整皮包現金，來到了油田。他們到處宣稱，標準石油公司每天都要收購一萬五千桶原油，抓住機會簽約吧！這樣優厚的條件，如同在漫無秩序的魚塘裡撒下大把魚餌。許多生產商根本來不及思考，就輕率地簽訂了合約，因為這是他們從來沒有見過的高價。為了履行合約，他們立刻加快了開採石油的速度。然而，他們卻忽視了重要的一點：手中合約密密麻麻的條款中，並沒有一項保證了收購價會保持在四．七五美元。

洛克菲勒之所以會開出這樣的條件，在於他預見到人性本質中醜陋的一面。他曾如此評價產油者們：「這些親愛的人們，如果他們能少生產一點石油，他們就會得到十足的價錢；假如他們生產的石油比全世界需求的少，那麼世界上任何聯合力量都不能阻止他們賣出好價。」但洛克菲勒深知，這種情況絕不可能發生，因為採油商們幾乎都是衝動而貪婪的，他們無一不像一八四九年加利福尼亞淘金熱的參與者那樣，希望透過賺取「快錢」，贏得終生的財務自由與生活幸福。既然如此，無論什麼樣的表面協議，都無法阻止其本性所帶來的破壞。更不用說，原油生產行業裡聚集的，都是在荒郊野外摸爬滾打多年的「硬漢」，他們脾氣火爆、難於溝通而且彼此防範，想要用一紙公文就約束他們的行為，實在比控制城市裡更為理智的煉油企業要困難得多。

果然，自從洛克菲勒提出四．七五美元的收購價之後，原油生產協會幾乎陷入混亂。這個在誕生之前就先天不良的鬆散聯盟，根本無法限制內部企業的原油產量，每個成員都心懷鬼胎，為了自身利益而迅速擴大產量。短短兩周之後，採油區原油日產量已高達五千桶，標準石油公司收購了二十萬桶的原油。洛克菲勒立刻宣布，因為原產地的企業到處大量拋售，新的收購價降為每桶二．五美元，並準備隨後調整為二美元以下。

面對突如其來的降價，產油商們驚慌了。他們紛紛向標準石油公司發去電報，要求其做出解釋。但洛克菲勒給出的答覆，卻是斬釘截鐵而冷酷無情的。他說，原產地供過於求的狀況打破了歷史上供應量的最高紀錄，標準石油公司並沒有責任，只能停止履行合約。私下裡，洛克菲勒則對一盤散沙的生產商表達了鄙視之意，他說，這次事件，更加暴露出他們的失敗天性，他們不可信賴，無法管控自己身上那種瘋狂的因素。他還嘲笑他們說，只要有一點利益，就會無視內部協議，半夜溜出來打開油泵，以便在鳥兒報曉之前就抽出原油。

由於原油再一次陷入供大於求的局面，洛克菲勒在一八七三年一月，輕鬆地廢除了與原油生產協會之間的協議。協議被廢止後，原油生產商們更加亂作一團，他們再也無法形成同盟去控制產量和價格，導致油價在此時跌入谷底，這讓標準石油公司再次鞏固了行業霸主的地位。

半年之後，洛克菲勒所組織的全國煉油工業協會也碰到了類似的問題。協會內有少數廠家，開始違背協議，偷偷摸摸進行超額生產。更嚴重的是，協會外出現了「搭車者」。許多當初被標準石油公司收購了企業的商人，看到有利可圖，又違背契約，購買新設備，經營起新的煉油廠。他們雖然沒有加入協會，卻能在市場上享受到受其維護的較高價格，更棘手的是，這些重操舊業的企業主，還試圖公開威脅洛克菲勒，要求他再次進行收購。

最終，洛克菲勒對煉油卡特爾失去了信心，他對所有形式的企業聯合都失去了信心。一八七三年六月二十四日，他在薩拉托加斯普林斯召集了煉油企業主，宣布取消「匹茲堡計畫」，並解散全國煉油工業協會。一年多來所目睹的成功和失利，讓洛克菲勒終於下定決心，不再嘗試組建任何公司聯盟，而是像併購閃電戰那樣，推行徹底的兼併。他總結說，有些人，即便連萬能的上帝都無法拯救他們，因為他們不願意得救，只想要為魔鬼服務，堅持他們的邪惡做法。

鑑於這樣的結論，洛克菲勒再也沒有耐心期待任何改變。以上帝之名，他發誓不再心慈手軟，而是厲行兼併之道，讓標準石油公司的大旗獵獵飄揚。

為稱霸全美而努力

一八七三年，洛克菲勒對各種徒勞無益的聯盟都失去了興趣，而準備將整個石油產業鏈都直接掌握在自己手中。此時，歷史再次向他張開了祝福的臂膀。正是在這一年，南北戰爭後人們對於財富的瘋狂追逐，終於以經濟泡沫破滅的形式而宣告收場。在後來被稱為「黑色週四」的九月十八日，傑伊・庫克銀行在北太平洋鐵路公司的融資發生資金斷裂，進而宣布倒閉，其連鎖效應導致一家股票交易所破產、許多銀行倒閉、眾多鐵路公司破產。隨後，大規模的失業浪潮帶來了經濟緊縮，平均薪資水準降低了二五%……這一切，反而加快了洛克菲勒圖謀已久的兼併進程。

在經濟蕭條時，原油價格一路猛跌，降到了令人震驚的每桶八十美分的低價。一年之內，這個價格又跌到了四十八美分，甚至比某些城市運水的成本都要便宜。洛克菲勒抓住機會，進一步吞併其他中小企業。

一八七四年秋天，在紐約的薩拉托加斯普林斯，祕密進行了一場改變煉油行業歷史進程的談判。斯普林斯風景宜人，又有著最好的賽馬場和賭場，是舉行祕密商務談判的最好場所。作為談判的發起者，洛克菲勒專門邀請了查爾斯・洛克哈特、威廉・沃登這樣的重量級對手，而本方則由他與弗拉格勒親自出馬。

談判剛開始，洛克菲勒就習慣性地直奔主題，他指出，只有接受他的建議，將多家公司合併一處，才能避免毀滅性的降價競爭。洛克哈特和沃登起初不以為然，覺得洛克菲勒只是虛張聲勢，但弗拉格勒遞上的帳本證明了一切，他們驚訝地發現，洛克菲勒製造煤油的成本太低了，低到他甚至可以用低於競爭對手的成本價去出售，依然能夠盈利。

洛克哈特與沃登滿腹狐疑，隨之結束了談判，分別匆匆回到匹茲堡與費城。在那裡，他們派出手下到處瞭解標準石油公司。幾週之後，他們確定了雙方實力的差距，並得到了洛克菲勒的保證：可以在公司管理中占有一席之地。於是，他們決定和洛克菲勒聯合，作為交換，他們成了標準石油公司的股東，還有自己從未得到過的鐵路運費折扣、低息貸款、新式油罐車和煉油技術。

降伏洛克哈特與沃登，讓洛克菲勒一舉拿下了匹茲堡一半以上的煉油能力，並獲得了費城最大的煉油廠。不過，洛克菲勒並不希望公開這樣的戰績，他提出，併購只採用暗中交換股權的方式進行；在所有對外場合中，洛克哈特和沃登的公司依然都是獨立營運的。

對於這樣的信任，洛克哈特和沃登自然投桃報李。他們成為洛克菲勒悄然設下的伏兵，如同兩張巨大的羅網，灑向各自所在的市場，在其中繼續推進大規模的連鎖併購。很快，匹茲堡與費城就成了標準石油公司帝國的新領地。以匹茲堡為例，在此之前，這座城市有二十二家煉油廠，僅僅兩年之後，匹茲堡就只剩下一家獨立營運的煉油廠了。

在吞併匹茲堡和費城煉油企業的同時，洛克菲勒在油區和紐約也開始了關鍵收購。

在油區，洛克菲勒啟用了親信阿奇博爾德，組建了阿克美石油公司。短短幾個月之內，熟悉油區的阿奇博爾德，就併購或租賃了總共二十七家煉油廠。隨後的三、四年裡，油區已經沒有了獨立營運的煉油廠。

即便是最痛恨洛克菲勒的對手，也承認其有非常出色的用人藝術，他總是能找到那些最值得信任的人才，可以將他的經營思路和手腕發揚得淋漓盡致。在油區的一系列併購中，阿奇博爾德宛如洛克菲勒的翻版，忠實履行自己的責任。他總是將給煉油廠主的價格壓得很低，即便洛克菲勒要求他必須付出公道的價格，他還是常常感到不甘心，覺得自己做出了並不必要的讓步。

在紐約，洛克菲勒先是買下了專門生產盒裝煤油的德沃製造公司，又併購了有一家大煉油廠的長島公司，在弟弟威廉的辛勤努力下，隨後又兼併了查理斯・普拉特公司。

這些收購，為洛克菲勒帶來的不止是廠房、機器和市場，還有最為寶貴的人才。其中，對查理斯・普拉特公司的收購，為他招來了標準石油公司歷史上值得銘記的英才：亨利・羅傑斯。與阿奇博爾德曾經是產油區反洛克菲勒聯盟的領導者一樣，羅傑斯也曾經領導過紐約煉油商的反洛克菲勒聯盟，但他也是其中最早投奔標準石油公司的人。羅傑斯在管理和技術方面都十分出色，他曾經獲得一種從原油中分離石腦油的重大工藝專利，又領導過標準石油公司的原油採購、管道運輸和製造流程管理等業務。

一八七五年五月，洛克菲勒吞併了西維吉尼亞州帕克斯堡的卡姆登公司，並將之改名為卡姆登聯合石油公司。這次收購，卸下了標準石油公司帝國在地圖上的唯一軟肋。

在此之前，洛克菲勒控制的煉油廠，全部分布在紐約中央鐵路、伊利鐵路和賓夕法尼亞鐵路營運的區域中，但在巴爾的摩—俄亥俄鐵路公司所控制的地圖上，卻是一片空白。不僅如此，這個新興的鐵路公司，居然在支持最後一批敢於公開對抗洛克菲勒的獨立煉油企業，而其中被他們最為看重的，則當屬卡姆登無疑。結果，直到卡姆登成為洛克菲勒的新下屬，並開始為其收購其他煉油廠，巴爾的摩—俄亥俄鐵路公司還被蒙在鼓裡，甚至繼續為他提供著優惠運價。

到此時，洛克菲勒終於舒了一口氣。他滿意地看到，自己基本完成了控制主要煉油中心或城市的宏大計畫。但真正的稱霸不是只體現在規模上，還需要行業獨立性的王權證明。此時，儘管洛克菲勒還經常需要大筆貸款，但他已經不用再屈就任何一個銀行家的意思了。除此之外，他還希望自己可以擺脫范德比爾特等鐵路運輸巨頭的影響。

機會很快出現了。由於擔心油田終究會枯竭，進而導致石油運輸專用設施的貶值，鐵路公司減少了相關投資。洛克菲勒捕捉到這種不安，立刻向各家鐵路公司發出信號。一八七四年四月，他和伊利鐵路公司達成協議，保證用現代化設施來裝備調車場，並將所屬西部煉油廠產量的五〇%交給伊利公司運輸。作為交換，伊利公司將紐澤西州威霍肯車站的所有權交給了標準石油公司。此外，洛克菲勒在紐約中央鐵路公司也很受歡迎，繼承范德比爾特寶座的小范德比爾特，與其父親一樣重視洛克菲勒，他甚至做出準確的預言：「洛克菲勒將成為這個國家最富有的人。」在這樣的關係下，標準石油公司很快控制了紐約中央鐵路公司和伊利公司幾乎全部的石油運輸。由此，洛克菲勒不但能繼續確保獲得運費優惠，還可以隨時瞭解掌握競爭對手在全國鐵路網線上的石油運輸情況。

並不是每一家鐵路公司都會如此配合洛克菲勒的計畫，賓州鐵路公司董事長斯科特，就突然選擇標準石油公司在運輸領域的薄弱環節發難。他先是成立了帝國運輸公司，對產油區的兩條主要油管進行合併，隨後購買了五千噸的運油船，組成五大湖的石油運輸船隊。同時，還在隔著哈得遜河、與紐約相對的紐澤西州，建造了專門的倉庫和儲油槽，作為運輸中轉站。

這一系列步驟迅速而精準，充分表現出斯科特當年作為南方開發公司發起者的眼光和能力。在此以前，管道只用於將石油從開採井口運輸到鐵路旁，而帝國運輸公司的舉動，預示著管道將創造性地用於長途運輸，甚至取代鐵路。對於斯科特而言，這無疑是維持賓州鐵路在石油運輸行業利益與話語權的最後一戰，對於洛克菲勒而言，這又事關標準石油公司、伊利鐵路和紐約中央鐵路運輸聯盟的生死存亡。洛克菲勒很清楚，如果輸掉這一戰，標準石油公司就無法真正壟斷東部，更談不上席捲全美。

「管道，必須是管道！」在一個個夜晚的沉思之後，洛克菲勒終於下定決心，他在地圖上用紅色鉛筆，將匹茲堡重重地圈定起來。所有人都清楚，新的戰役即將打響。

管道爭奪戰

為了和斯科特爭奪管道運輸行業的壟斷權，洛克菲勒進行了精心準備。首先，他宣布減少標準石油公司的股息，將利潤以現金形式留在公司，而不是分給股東。隨後，他果斷追加投資，從歐洲引進了大量先進生產技術和機器，從而用極快的速度改善了煤油加壓蒸餾設備，減少了原油在蒸餾過程中的漏失和浪費。這樣，標準石油公司有效降低了成本、增加了產量，提升了產品品質上的競爭力。同時，洛克菲勒將賓州鐵路公司在管道上的行動，及時通報了伊利鐵路和紐約中央鐵路公司，他警告這兩家公司，如果管道運輸大面積普及並被壟斷在斯科特手上，那麼最先受到損失的不是標準石油，而是它們。為了聯合起來，他提出再次提高折扣，以確保共同生存。

伊利鐵路公司和紐約中央鐵路公司知道，提高折扣代表著利潤再次降低，但權衡利弊之後，他們只能無奈地選擇同意。畢竟，從硬體到戰略，他們都已經和洛克菲勒牢牢綁定在一起。

拿到更多的運費折扣後，形勢開始對洛克菲勒有利。他將匹茲堡作為首選目標，將精煉油透過鐵路網路源源不斷地向這一地區進行傾銷。由於匹茲堡是賓州鐵路公司重點經營的核心，這一打擊，頓時讓斯科特面臨每個月高達上百萬美元的財政赤字。

斯科特並非沒準備，他調集資金，應對洛克菲勒的低成本傾銷。面對標準石油公司的步步進攻，他相信只要堅守下去，就能消耗掉對方的財力和耐心，並迎來轉機。然而，新的「黑天鵝事件」，卻加速了斯科特失敗的進程。

在長達數年的傾銷戰中，鐵路工人成了利益受損最大的一方，他們的工作壓力不斷加重，然而薪資卻不見增長。到了第三年夏天，鐵路工人終於爆發了聲勢浩大、前所未有的大罷工。實際上，鐵路業罷工在當時並不是什麼新鮮事，但這次罷工的規模與性質相當少見，罷工者不僅採取常見的遊行示威方式，還將之迅速上升為暴力行動。工人們拆除鐵路枕木，對轉運站和倉庫加以破壞，在勞資雙方的衝突中，出現了流血慘案。僅在匹茲堡市內，就有二十五人在罷工中喪生。

相比商業競爭，流血慘案引起了全社會的震驚與憤怒。從媒體到民間，流言四起，批評者將矛頭指向了斯科特和洛克菲勒。有人懷疑，罷工的幕後指使者就是洛克菲勒，甚至有人繪聲繪色地說，他們看到標準石油公司的人拆掉了賓州鐵路運輸線上的枕木。

洛克菲勒對流言向來採取無所謂的態度，這些流言根本不足以動搖他的意志與決心。斯科特卻難以承受，罷工結束遙遙無期，只要鐵路工人一天不開工，他的損失就會越來越大。更何況，洛克菲勒面向匹茲堡的傾銷已經持續了三年，斯科特原本預計的進攻只能支撐到這個時限，但現在看起來，他的判斷還是過於樂觀，一桶桶帶著標準石油公司記號的精煉油，如同戰場上鋪天蓋地的彈幕，覆蓋了本方地區。

斯科特決定去紐約同洛克菲勒講和，他不能因為這場苦戰，賠上賓州鐵路公司的全部家底。洛克菲勒凝重地看著一臉疲憊的對手，提出了簡單的條件：以三百四十萬美元，買下他的帝國運輸公司。

洛克菲勒早已考慮成熟，他確信，帝國運輸公司雖然只是個名號，其手中卻有最寶貴的資產，就是賓州鐵路公司對石油運輸管道的控制權。買下這個公司，也就掐住了賓州鐵路公司的咽喉。

斯科特明知三百四十萬美元根本比不上自己已有的投入，但他甚至不用計算，就知道如果拒絕，未來的報價會更低。

斯科特無奈地同意了，洛克菲勒大獲全勝。他接收下斯科特在匹茲堡的兩條輸油管道，更拿下了在紐澤西建造的大型儲油槽，從此，他獲得了強有力的管道優勢——出海口，為標準石油公司面向全世界發展打下了基礎。

就在這三年內，另一場驚心動魄的石油運輸大戰，也在洛克菲勒面前的棋盤上演變著。在斯科特成立帝國運輸公司之初，洛克菲勒就清醒地意識到利用和控制油管的重要性，他確信，無論今天與鐵路公司的合作看起來多麼緊密，未來的時代必然是屬於油管的。因此，只有建造本公司掌控的油管運輸系統，才能確保獲得明天的壟斷地位。

看到這一點的，不只是洛克菲勒，還有油田區的原油生產商們。由於此時三大鐵路系統全部被洛克菲勒所控制，他們雖然距離油田最近，卻在運輸方面占不到絲毫便宜，完全處於競爭的下風。為了打破這一局面，生產商們這次終於團結在一起，制訂了此後為人稱道的大計畫：在油田和五大湖之間，架設強大的油管體系。

計畫中的輸油管道，長達三百七十公里。一旦建成，原油就能源源不斷地從產地直接輸送到伊利湖，然後再以船運到紐約，這樣，就完美繞開了洛克菲勒對鐵路系統的壟斷，進而動搖他現在的贏家位置。

遺憾的是，這個計畫墨跡未乾，就被阿奇博爾德設法弄到了。在油田區，阿奇博爾德埋下了眾多「棋子」，他不僅為許多小商人提供商業間諜經費和報酬，還許諾說，如果他們的身份暴露，無法在油田待下去，公司也會繼續負責他們的家庭生活費用。因此，「棋子」們賣力工作，從各個角落將不同的零散情報提供給阿奇博爾德，他則如同端坐在網中的蜘蛛，油田有任何的風吹草動，都會通過他的神經末梢與心智中心，再迅速地傳導給帝國王座上的洛克菲勒。

計畫傳遞到紐約後不久，洛克菲勒就做出了應對。他馬上下令運輸系統停止輸送來自馬津郡的任何原油。

馬津郡，有著油田區新發現的原油礦脈。由於那裡距離主油田區相當遠，因此開採和生產的全部原油，都要依靠標準石油公司的運力輸送出去。只要一天不恢復運輸，馬津郡日益增加的原油就無法運出去、實現利潤，這簡直掐準了油田區許多投資者的命脈，結果，他們只好向洛克菲勒承諾，停止原先信心滿滿的計畫。

然而，失去大批原油生產商支持的這項計畫，並沒有就此夭折。洛克菲勒一生所面對過的對手，幾乎都是那個時代的精英人物，無論在眼界、才能還是意志上，他們都有著過人之處。這一次，鋪設石油管道計畫背後的發起者也同樣如此，他就是曾經擔任紐約州州長的賓森。

賓森有一張大而扁平的臉，他眉毛粗黑、雙唇緊閉，彰顯著堅毅與倔強。在賓森四十多年的人生歷程中，無論混跡政壇還是身處商界，他都從未向別人服輸。當聽說洛克菲勒瓦解了他的合作團隊之後，他決定重新找人加入計畫。

為了堅定其他合夥人的信心，賓森特地延攬了傑出的赫普特準將。赫普特準將畢業於威廉波特士官學校，在土木建築上有很高造詣，曾經擔任賓州鐵路公司總工程師。紐約東方河上著名的布魯克林橋、麻薩諸塞州的胡紮克隧道，都是他的傑作。

赫普特雖然大名鼎鼎，但個性卻沉穩扎實。他瞭解到自己的任務之後，馬上開始著手勘察地形。為了保密，他獨自一人在賓州北部的荒野山區穿行，也不能委託不動產公司去收購土地，只能選擇購買那些不為人注意的偏僻森林。為了慎重起見，赫普特在所購買的土地合約上，全部使用了暗語。

似乎天平終於向洛克菲勒的對手們有所傾斜，正當赫普特艱苦地朝著賓州東北部的威廉波特推進時，一個好消息傳來了：在靠近紐澤西州的布拉夫特郡山中，開採出一口日產二萬桶原油的大油井。這口油井比油區更靠東，距離紐約州只有三十二公里，如果將油管工程鋪設到那裡，輸送原油到紐約甚至連船都不需要了。

賓森對此喜出望外，他一方面以這個消息去刺激生產商們加入油管工程計畫，另一方面又吸取了原來的教訓，尤其注重保密與安全工作。

終於，赫普特完成了勘探，開始了相關鋪設工作。他參加過南北戰爭，見識過戰場上種種驚心動魄的場面，經受過生死存亡的考驗，同時又善於指揮和管理。在他艱苦卓絕的努力之下，標準石油公司的各種阻撓和破壞都沒有減緩工程推進速度。經過數年漫長的建設，到一八七九年五月二十八日，油管工程真的在洛克菲勒眼皮子底下大功告成。

這是人類有史以來建造的第一條真正長距離的輸油管道。其投入使用的第一天，二·五萬桶原油通過吸筒設備，從儲油槽被輸入到油管中，這些寶貴的黑色黃金，花費了三天時間，終於以緩慢的速度抵達第二站：歐姆斯特抽油站。到第七天，原油終於抵達終點：威廉波特的儲油槽。

當滾滾的黑色石油，越過了茂密的森林和崎嶇的山路，終於從儲油槽中傾瀉而出時，赫普特確信，他一手打造的輸油管道體系確實成功了，這是他人生中又一項值得銘記的重要技術工程，而在賓森看來，這也是其事業生涯中理應大書特書的勝利。要知道，他們戰勝的，可是極少有過敗績的洛克菲勒！

在威廉波特抽油站前，赫普特與賓森的兩雙大手，堅定地握在一起。四周閃光燈紛紛閃亮，記者的筆尖在紙張上迅疾而過。他們都知道，不用多久，雪片般的報紙就會飛往匹茲堡、費城、克里夫蘭以及紐約，在那些顯眼的頭版頭條上，將會出現此時此刻的情形。

赫普特與賓森不禁想到，洛克菲勒，他們眼中的「巨蟒」，又會帶著怎樣的心情，去看待現在這一幕？

迷宮般的石油帝國

紐約，百老匯大街四十四號，標準石油公司總部，董事長辦公室。

洛克菲勒站在窗前，俯瞰著樓下的車水馬龍，他身後寬大的辦公桌上潔淨整齊，角落裡是一疊晨報。

從報紙上，洛克菲勒終於確認了原油輸油管道順利投入使用的消息。對此，他確實感到吃驚。實際上，賓森與赫普特盡力保密的勘探和鋪設工作，他早就有所耳聞，並讓阿奇博爾德隨機應變，設法加以阻止，但他其實不太相信，油管真的能夠越過自然地形的重重阻礙，成功通往終點。但眼前的事實，給了他一個沉重的教訓。

想到這裡，洛克菲勒不禁又起了愛才之心，赫普特如此堅毅沉著，精於技術，為什麼跑到對手那邊去了？

還沒等他想好，弗拉格勒和弟弟威廉走了進來，兩個人看起來似乎也面色沉重。

威廉開口說道：「約翰，油管鋪設成功，看來並不是一個好的先例。隨後應該會有更多人參加到油管建設中，我們的鐵路營運，又會碰到新對手。是不是又要準備運費大戰？」

洛克菲勒堅定地說：「絕對不可能！我們要想方設法，將這個新完成的泰特華德油管給買下來！」

弗拉格勒和威廉詫異地相互看看，確認彼此都沒有聽錯。洛克菲勒的創造力與勇氣確實在商界聞名遐邇，但這兩位他身邊最親密的左膀右臂，還是想像不到洛克菲勒能提出如此計畫。人人都知道，專門用來對付洛克菲勒的泰德華德油管，是由賓森領頭的一眾股東花費了鉅資、投入了人力，以及足足五年的時間成本，而現在指望他們同意將油管再賣給洛克菲勒，豈不是異想天開？

洛克菲勒看兩人沉默不語，臉上掠過不易察覺的微笑。他自己坐下來，隨後擺了擺手，意思是請兩人也坐下來，靜心聽取他的計畫。

原來，標準石油公司無處不在的商業間諜，早已盯上賓森，將他的行蹤不斷彙報給總部。洛克菲勒由此得知，賓森正在準備擴建油管工程，但由於手頭缺乏資金，便頻繁往來於倫敦、巴黎、紐約，向不同銀行貸款。最近，他已經返回美國，並向全美最大銀行第一國際銀行貸款二百萬美元，準備將油管從威廉波特繼續向東延伸，那樣，就能和紐澤西的中央鐵路連成整體。

聽到這裡，威廉和弗拉格勒的面色都變得沉重起來，他們都知道，對方拿到這樣一筆巨大的貸款，無疑說明將會有更多油管出現在賓州，會有更多原油沒日沒夜地湧向紐約的港口。

然而，洛克菲勒卻不慌不忙，他放低了聲音，三個人俯首密商起來。

幾天後，在紐約第一國際銀行的辦公室裡，來了一位不速之客。他故作神祕地告訴接待員：「我想要投訴你們的客戶泰特華德公司。他們剛從貴行貸款，但現在卻有人暗中貪汙款項。」

如果換作普通人，很可能被當成造謠者趕走，但銀行職員卻並不敢這樣做，因為揭發者正是握有泰特華德公司三分之一股票的派特森。職員客氣地記錄下他的投訴，隨後又將之整理成報告，報告層層上交，最後放到了第一國際銀行總裁詹姆斯・斯蒂爾曼的桌上。整個銀行所不知道的是，派特森早已被阿奇博爾德策反，成為洛克菲勒的人。

不久之後，賓森再次來到紐約第一國際銀行，希望能夠再次借到一百萬美元。然而，斯蒂爾曼委婉拒絕了他，並透露說，由於在他的公司裡，有主要發起人股東表示懷疑管理團隊的職業道德，因此，銀行很難信任這樣的貸款客戶。退一萬步說，即使股東是在誣告，也說明公司股東中出現了明顯的分歧。

賓森從未想到，問題會出在內部。他滿腹狐疑、心事重重地離開了銀行，隨即回到公司，私下開展了一輪輪摸排。他沒有想到，這樣的行為，正中洛克菲勒下懷。在賓森疑神疑鬼的調查中，整個泰特華德公司很快陷入了相互猜疑的氣氛。隨後，派特森按照阿奇博爾德的指示，在股東會上發難，以缺乏信任為理由，強烈表示希望抽回自己的股本。接著，其他幾位股東也在他的煽動下，公然反對賓森的領導，為了退股，他們還到地方法院提起了訴訟。

由於種種的爭端，行情始終走勢良好的泰特華德股票，轉而下跌不止。洛克菲勒立即指示，迅速在股市上大量收購該公司的股票，不計成本，只要數量。

內憂外患中，賓森完全失去了對公司的控制權，雖然心有不甘，但他最終還是將股票全部出售給洛克菲勒，黯然離場。

買下泰特華德公司，洛克菲勒終於實現了自己設立的第一個目標。這次成功收購，還給他帶來了巨大收益，在此之前，他就祕密投資五百萬美元成立了美國運輸油管公司。按照投資協定，一旦吞併泰特華德成功，這家油管公司就能獲得新增投資三千萬美元。

此時，已經沒有人能阻擋洛克菲勒。美國運輸油管公司完成了威廉波特和紐約之間的油管鋪設，再加上之前產油區與克里夫蘭、水牛城、匹茲堡之間的油管輸送網，一張如同迷宮般的油管網路在美國東部徐徐生成。這個巨大的網路，每分每秒都輸送著從數百英尺下抽送出地表的原油，大大減輕了標準石油公司對鐵路的依賴，使其在運輸上占有了絕對主動權。

到一八七九年，標準石油公司所提煉的石油，已經占到全美生產總量的九五％。此時，洛克菲勒剛滿四十歲，已位列全美富豪前二十名。隨後的數年裡，洛克菲勒的屬下四面出擊，產油區的阿奇博爾德、匹茲堡的洛克哈特、費城的沃登、紐約的威廉等人，各自大顯身手，以不同的手段為標準石油公司收購煉油廠。

一八八二年一月二日，標準石油公司召開股東大會，正式組建托拉斯。如果說卡特爾尚來自於德國，那麼托拉斯就是正宗的美國壟斷形式，其發明者是洛克菲勒。

在托拉斯的體系中，各州的不同企業，在財務上各自分開，有獨立帳目、股票和董事。在法律上，各個公司都是獨立的。但是，這些公司實際上都採用相同的名字和經營方式，並聽從同一個執行委員會指揮。所有企業的股票，都交給委員會經營，這樣，看似分散的各公司繞過了法律漏洞，實際上都控制在洛克菲勒手中。

標準石油公司在股東大會上正式組建九人委員會，掌管所有下屬公司的股票。這九個人分別是：約翰・洛克菲勒、佩恩、威廉・洛克菲勒、弗拉格勒、沃登、阿奇博爾德、波什維、派特和希魯斯。這一天，標誌著標準石油托拉斯的正式成立。在這個托拉斯中，總共有四十家公司，其中十四家公司的股票完全聽其指揮，另外二十六家股票的大部分由其控制。從外表看，誰都知道它是史無前例的巨獸，但從法律文字上看，外人則根本無法弄清其中具體的產權關係、組織結構。

一八八三年底，洛克菲勒發現，百老匯四十四號那棟不起眼的房子，再也無法承載這個托拉斯的責任與夢想。他選擇在曼哈頓島的最南端，逐步購置地產，並最終計畫在草地球場旁亞歷山大・漢彌爾頓宅邸的原址上，建造嶄新的總部大樓。

一八八五年五月一日，標準石油公司遷入造價將近一百萬美元的新總部，這是一幢氣勢恢宏的九層花崗岩大樓，遠眺時如同無法攻克的堡壘。在大樓之外，沒有掛上任何標準石油公司的名稱標誌，只有簡單的街牌號碼：百老匯二十六號。這塊街牌很快成為世界上最著名的石油托拉斯縮寫，無論何時何地提起這個地點，都會讓人不約而同地聯想到洛克菲勒所宣導的神祕、權威和效率。

在大樓落成之後，一些有幸溜入大樓的記者發現，大樓內部顯得莊重高雅，與其森嚴權威的外表並不相同，四處都是紅木辦公桌，地上則是暗黃色的地毯。辦公室裡，落地式的玻璃隔斷直達天花板，遮掩著每個格子間裡進行的所有活動，任何一間辦公室門上，都裝有特殊的保密暗鎖，進入者只有以拇指和食指正確地扭動鎖邊，才能轉動把手。這一切，都使整個公司總部宛如一座巨大的商業與權力的迷宮。

正是在這座迷宮中，洛克菲勒指揮著標準石油公司繼續擴張。一八八七年，標準石油公司幾乎消滅了絕大部分的國內競爭對手。按照其實力，完全可以將殘餘的幾家獨立煉油廠吞併，但洛克菲勒並不願意這麼做，他希望保留這幾家幸運的小企業，從而擺脫外界對其壟斷的風評。

其實，洛克菲勒這樣的做法，顯然有些自欺欺人。他雖然嘗試低調，但事實上他已經無法再低調下去。他和他的團隊，年復一年地在擴張的道路上跋涉著，終於創造出前所未有的奇跡。自新大陸被發現之後，美洲大陸上還從未有過一個企業，能像標準石油公司這樣，對其所在行業霸占得如此徹底。現在，美洲大陸地平線上，從東海岸到西海岸，從每個城市到每個港口，人們不再只是隱約聽聞和窺探到石油托拉斯怪獸的黑暗身影；相反，這座矗立在美國全民面前的宮殿，正引領著整個龐大的石油帝國。

這個帝國的興起，花費了洛克菲勒十年心血，接下來的十年，他又會做出怎樣的選擇？時代在翹首以待。

將觸角伸向海外

從洛克菲勒成名之後，外界就習慣將他描繪成足不出戶的工作狂，藉以解釋他是如何一步步取得難以想像的成功。對此，洛克菲勒非常不快，但又拿不出確實證據加以反駁。因為他的確是在四十歲之後，才開始出國旅行的。從某種程度上而言，他是一個保守的美國鄉下人，對異域風情沒有多少興趣，從不去亞洲、非洲、拉丁美洲，因為對他而言，旅行的意義不是去跟風追尋那些異域風光，而是想方設法將自己的理念與文化加以傳遞。

一八八七年六月一日，洛克菲勒終於安排出了休息時間，帶著妻兒啟程去歐洲度假三個月。他手下的經理們去船上歡送，下船後感到如釋重負，因為他們早就擔心洛克菲勒不知疲倦的工作會損害其健康。但洛克菲勒依然放不下事業，船還沒到英國南安普敦港，他就發電報給公司：「我發現，我實在急於瞭解生意上的事情。」一個多月後，他又從柏林發電報，懇求公司執行委員會給他提供任何當前生意上的資訊。

當時，大批美國人湧入歐洲度假，但由於粗俗、炫富，加上缺乏知識，他們在歐洲的老牌貴族社會面前，出了不少洋相。相比之下，洛克菲勒一家雖然毫無情調、不近人情，但洛克菲勒到哪裡都是樸實無華的裝扮，加上他那口音濃重的美國英語，使得他看起來更像是來自美國的土財主。後來，當小約翰・洛克菲勒回憶起這次旅行，依然對父親總是試圖搞懂那些法語帳單上每項內容的認真表情，感到印象深刻。但他也承認，對於孩子來說，這確實是非常良好的商業基礎教育。

洛克菲勒並不喜歡歐洲充滿皇室氣息的宮殿、劇院，他只喜歡拜謁教堂，或者遊覽美麗風景。起初，他拒絕拜謁教皇，後來有人告訴他，這件事會讓標準石油公司裡信奉天主教的員工感到高興，於是他就改變了主意。

與洛克菲勒一家在歐洲度假相對應的是，他所創建的標準石油公司，早已將觸角伸向了海外，且更加肆無忌憚、無孔不入。相比美國國內市場，國外市場規模更大、利潤更高。早在十九世紀七〇年代初，這家公司的煤油製品就進入了東亞地區，如中國、日本；到十九世紀八〇年代，全世界八五%的原油都來自賓夕法尼亞州，石油成為美國第四大出口產品。如同無法容忍臥榻之側有酣睡的其他人，洛克菲勒同樣不能允許國外出現競爭對手，他曾經這樣對人說：「我們既有能力供應國內市場，就有能力出口。我希望我們將來能設法做到這一點。無論如何，都要為此而不斷努力。」

可惜，洛克菲勒終究並非全知全能，他沒有及時發現遙遠的高加索地區，正在萌發一場重要的變革。十九世紀七〇年代初，俄國巴庫港打出了產量空前的油井，黑色的油柱在震耳欲聾的轟鳴聲中衝上半空，有的甚至要連續噴發幾個月才能被控制住。一座座煉油廠拔地而起，且很快被濃密的黑煙包裹得嚴嚴實實。其中，瑞典人羅伯特・諾貝爾和他的兩個兄弟（其中最小的諾貝爾，在去世前設立了舉世聞名的諾貝爾獎），建立了諾貝爾兄弟石油製造公司，生產出品質可以與標準石油公司產品媲美的煤油，並迅速壟斷俄國市場。一八八三年，以諾貝爾兄弟為代表的俄國石油企業，利用價格低廉、品質上乘的煤油，開始搶占標準石油公司在歐洲的地盤，其發展勢頭之快，讓洛克菲勒大吃一驚。

為了報復俄國人的進攻，洛克菲勒動用了他最喜歡的招數：降價傾銷、攻擊對手和收購對手。然而，雖然他派出的密使與諾貝爾公司有過接觸，但諾貝爾公司在俄國必須聽命於沙皇政府，加上他們並不願意與標準石油合作，因此收購無從談起。

一八八五年之後，巴黎的羅斯柴爾德家族也在亞得里亞海沿岸建造了一批煉油廠，並出資組建了裡海和黑海石油公司，繼續利用蘊藏量極為豐富的俄國石油牟利。此後的許多年裡，在全球石油市場上，這三家公司相互勾心鬥角，每一方都試圖聯合另一方去壓制協力廠商。

如此激烈的海外競爭，再一次激發了洛克菲勒的鬥志。他雖然已年近五十，卻壯懷激烈，在對下屬的訓話中，他用充滿文學氣息的詩句表達果敢與堅毅：「奮起而行，勇於迎接任何命運；進取不息，追求不止；耐心等待，堅韌努力。」與此同時，洛克菲勒希望放棄借助中間商去運作歐洲市場的做法，而設立由公司直管的海外行銷分支機搆，這一想法得到了阿奇博爾德的支援，但在執行委員會內部卻引起了部分反對。直到一八八八年，羅斯柴爾德家族打破僵局，在英國設立了直接的銷售分公司後，委員們的看法才統一。僅僅二十四天之後，標準石油公司第一家海外分支機搆就誕生了，這個名為英美石油公司的銷售機構，很快代表總公司壟斷了英國石油市場。一八九〇年，標準石油公司又在不萊梅成立了德美石油公司，在鹿特丹建立了石油輸送站，簽下了向法國全國供應所需原油的合約，買下了荷蘭、義大利和斯堪的那維亞各地多家石油公司的部分股份，甚至還在印度進行了激烈的價格戰。此外，標準石油公司緊隨諾貝爾兄弟公司，向歐洲派出了巨型油輪以運送產品。

除了抓住市場行銷管道，洛克菲勒也從未忽視過產品品質。在歐洲，雖然諾貝爾兄弟和羅斯柴爾德家族的公司擁有一定的市場分量，但抱怨其煤油產品質地不純的聲音從未停止。更重要的是，這兩家公司並沒有真正地扼殺其競爭對手，也沒有建立托拉斯組織，因此很難全面地抗衡標準石油公司。對此，阿奇博爾德的評論一針見血：「如果俄國石油業也像標準石油公司那樣採取果斷迅速而積極的行動，那麼現在讓美國石油業獲取利潤的市場，很可能都是他們的天下。」

雖然俄國人的動作可能慢了一拍，但到了此時，所有人都意識到石油並不是什麼奢侈品，而是遍布在世界各地。一八九〇年，荷蘭皇家公司在荷屬東印度成立，一八九一年，商人撒母耳成為羅斯柴爾德家族在遠東銷售煤油的營運商，並在六年後建立了殼牌運輸貿易公司。由於洛克菲勒本人並不太重視亞洲市場，標準石油公司的動作顯然慢了一步，等他們反應過來，又企圖買下這兩家競爭對手時，結果卻以失敗告終。所以，標準石油公司只得立刻在亞洲的港口城市如上海、加爾各答、孟買、橫濱、神戶、長崎等設立營業所、派遣代理人。在種種努力之下，亞洲市場被一分為三。到二十世紀初，荷蘭皇家公司和殼牌合併，競爭形勢變為兩方的直接對立。自此以後，從歐洲到亞洲，競爭與對抗就成了主題，標準石油公司的觸角延伸到更遠、更細分的地域市場之內，不斷進行著祕密交易。

雖然海外競爭態勢激烈，但在全美國，標準石油公司依然是當之無愧的霸主。此時，他們已經擁有二萬口油井，四千英里長的輸油管道，五千輛油罐車，十萬名員工，每天都要向歐洲出口五萬桶原油。因此，洛克菲勒面對的海外競爭，實際上並不影響其公司所處的歷史地位，它必然會作為世界上最為龐大的商業組織之一，被載入史冊。

開創者急流勇退

時間是每個人最為忠實的朋友，也是他們無法戰勝的敵人。即便是約翰・洛克菲勒，也無法逃脫這一點。當時間走到了十九世紀九〇年代，史上最強托拉斯的締造者，也走到了人生的轉捩點。

在此之前，洛克菲勒利用商業競爭，積累了大量的財富。而現在，他不僅要繼續管理石油帝國，還要安排慈善事業，並應對越來越多的法律訴訟事務。由於多年的辛勞工作，洛克菲勒曾經良好的健康狀況開始走下坡路，他的飯量變小了，每天只吃牛奶和麥片，卻依然不斷發胖。一八九六年，他的頭髮開始脫落，後來眉毛也開始脫落，為此他換上了最好的假髮套。

洛克菲勒不得不開始考慮急流勇退，但他選擇的繼承人阿奇博爾德請求他不要公開，因為他的威名能夠震懾公司內外，可以為標準石油發揮餘熱。於是，洛克菲勒悄悄收拾好個人物品，不再去百老匯二十六號上班，這一年，他五十七歲。除了擔任公司副總裁的阿奇博爾德，幾乎沒有人知道這件事。

不過，洛克菲勒並非完全退休。他對公司的支配權依然很大，有時候，他還是會回到辦公室，處理私人事務。到一八九九年之後，他就不去公司了，只是用電話和阿奇博爾德保持聯繫。

退休之前，洛克菲勒住在位於紐約第五十四大街的四層樓磚房中。雖然他擁有克里夫蘭最古老的「森林山」莊園，但這裡讓他感到更為方便，他不喜歡交際應酬，因此只需要能夠招待親朋好友和公司同仁的地方。快要退休之前，洛克菲勒終於開始尋找可以提供度假休息的理想場所。一八九三年，他在哈得遜河與支流的分水嶺上購買了一幢兩層樓、木結構的房屋。這裡被稱為波坎蒂科，在紐約市北約三十英里。站在位於西南角的陽臺上，能看見奔流的哈得遜河水、紐澤西的懸崖峭壁和鬱鬱蔥蔥的鋸木廠河流域。以這裡為中心，洛克菲勒又花錢買下周圍不少土地，最終將莊園面積擴大到一千六百英畝。

洛克菲勒花費了許多力氣改造他的莊園。他拆毀了一幢幢建築物，將一片片籬笆拔掉。許多石頭被炸平，改去鋪墊新開闢的道路，樹木也被連根拔起，轉移到新的生長地方。不過，與其他那些將別墅布置成充滿大理石、水晶和古董的宮殿的富翁不同，洛克菲勒的莊園並沒有這些，他的室內布置只是自己最喜歡的簡樸舒適風格，並沒有什麼裝飾品，甚至餐桌上的食品也乏善可陳。後來，他的兒子小洛克菲勒也繼承了這一點。

值得一提的是，在新莊園裡種植了有上千棵樹木。當洛克菲勒後來又在紐澤西買下一個高爾夫球場，並將之改建成住宅時，他還順便完成了一小筆樹木生意，他將種在波坎蒂科的樹木，以一棵一．五到二美元的價錢，賣給了他的新鄰居，而當初一株樹苗的成本價格只有五到十美分。後來每次提到這件事，洛克菲勒都會感到自豪。

人們說，這反映了洛克菲勒的人生哲學。在漫長的一生中，他其實並不太關心自己賺到了多少錢，也不在乎如何去花掉錢，其追求的核心是成功賺錢的過程。年輕時，他就是這樣的人，即便到老也依然務實。儘管退休生活悠閒自在，但洛克菲勒還是會每天工作兩個小時，他會在莊園的私人辦公室裡待上兩個小時，使用電話，委託經紀人買賣股票，使他既能繼續金錢遊戲，又可以消磨老年時間。因此，他依然在許多大公司中占有相當可觀的股份，比如擁有價值三千萬美元的國際收割機公司股票；此外，他還擔任摩根家族美國鋼鐵公司的最大股東，對通用汽車進行大量投資；有統一煤礦公司和科羅拉多燃料與鐵礦公司的股權支配權等等。當然，他始終都是標準石油公司最大的股東。

整個波坎蒂科莊園的建造與布置，花費了整整七年。一九〇九年，洛克菲勒高興地搬入新家。在這裡，洛克菲勒在家人的陪伴下，度過了他平淡而富足的晚年生活。小洛克菲勒和他的妻子艾比很快適應了這裡，他們的六個孩子都在這座住宅中出生，孫子、孫女們長大成人後的大部分週末與假期，也都在爺爺最喜歡的波坎蒂科莊園度過。

在孫輩成長的過程中，雖然父母所發揮的作用至為重要，但身為祖父的洛克菲勒對他們的影響，因為其特殊的經歷、過人的機智、敏銳的頭腦，而顯得格外不同。孫兒們喜歡並敬仰他，他們知道祖父幾乎是白手起家，創下了如此的基業。孫兒們與他待在一起時，總會感到有趣，而不像和嚴肅的小洛克菲勒在一起時那樣。在孫輩們小的時候，洛克菲勒會穿過莊園，去陪他們玩遊戲。孩子們長成少年後，都喜歡在週末去祖父家吃飯。在那裡，他們可以隨心所欲，慢慢吃飯聊天，還能聽祖父講有趣的故事。洛克菲勒總是比別人吃得慢，但當大家吃甜點時，他就開始講童話故事了，他的故事裡，只有一些單純有趣的情節，並沒有什麼大道理說教，這讓孩子們放鬆而感激。

除了陪孫輩之外，洛克菲勒的退休生活，在外人看來是非常無趣的。人們很難想像像他這樣的億萬富翁，每天的活動就如同千篇一律的儀式，從來不會發生變動。有人看過他的旅行記事本，上面寫著：六點半起床，七點到八點讀報，八點到八點半早餐，八點半到八點四十五聊天，八點四十五到十點工作，十點到十二點打高爾夫球，十二點到一點一刻洗澡和午休。旅行尚且如此，更不用說他的日常生活了。

在如此嚴謹的生活中，只有高爾夫球這一項運動顯得有幾分生氣。洛克菲勒喜歡打高爾夫球，他幾乎每天都打，或許這項運動充分反映了他的性格：沉著、準確而穩重。那時，高爾夫球在美國剛剛開始流行，他在一次宴會上接觸到這項運動並學了幾次後，居然很快愛不釋手，並在莊園裡修建了小型球場。為了提高運動水準，他不但請了名師來教授，還自己設計了不同的訓練方法。比如，他讓人用東西壓住自己的高爾夫球鞋，確保自己能保持合格的站位；為了改善擊球動作，他讓人拍下自己擊球的過程，好讓自己能看到問題出在哪裡。這樣的熱情與專注，只有在他從事石油事業時才能看到。

一般來說，洛克菲勒會邀請四、五個人來莊園打球，但遺憾的是，他的球友並不多。有人勸他應該多邀請一些朋友，但他卻頗為遺憾地說：「如果你認為我不喜歡邀請朋友打球，那你就錯了。我早就試過了，可惜結果讓我很失望。那些人個個都是醉翁之意不在酒，經常打到第九個洞的時候，就向我提出要求，不是希望我捐錢，就是要向我貸款。」

除了打球，洛克菲勒還喜歡駕車。無論天氣好壞，他只要興之所至，就會裝束妥當、駕車出行。有時候，他的駕車裝備看起來頗為搞笑：身穿薄背心，戴著飛行員的護目鏡與防塵帽，帽耳在臉的兩邊垂著，就像大大的耳朵。

退休之後，洛克菲勒終於改變了對媒體的態度。飽受多年的攻擊之後，他終於意識到宣傳對個人與企業的重要性。他聘請了一位名叫約瑟夫•克萊克的新聞記者擔任宣傳顧問，在克拉克的指導下，他在態度中立的雜誌上發表文章，並撰寫個人回憶錄。

一九〇九年，當洛克菲勒步入七十歲時，他的身體依然健康。美國《哈珀週刊》描述說，他此時依然是個魁梧的體育健將，有著明亮的雙眼、泛紅的雙頰，皮膚被太陽晒得呈古銅色，看上去只有五十多歲。

在他的莊園裡，洛克菲勒平靜地享受著退休時光。而莊園之外，他的標準石油公司卻要面對著外界的風雲變幻。新的故事正在上演，或許會成為商業歷史上的下一個里程碑。

—第五章—

巨人絕唱，壟斷史上的紀念碑

（一八九六—一九一二年）

反壟斷風暴中心

標準石油托拉斯，是世界歷史上非常獨特的公司，雖然它的總部位於紐約百老匯大街二十六號，但人盡皆知的是，紐約州政府顯然無法管理它，位於華盛頓的聯邦政府似乎也難以轄制它。在政府的不同立法機構中，洛克菲勒都安排了自己的代言人，除此之外，大批精英構成的律師團隨時準備保護企業的利益。歸根結底，背後原因在於整個托拉斯的收入之高，超過了美國大部分州的財政收入，各州從標準石油中獲益匪淺，使它得以在超級規模之上依然不斷擴張。

因此，在一段時間之內，標準石油托拉斯與政府保持著良好的關係，對外，它在海外市場上的表現，則象徵了美國的盛衰。歷任美國駐外大使們，幾乎毫無例外地都是標準石油托拉斯的支持者和代言人，他們擁有這家托拉斯的「地下大使」之稱。標準石油托拉斯所掌握的諸多國際競爭對手的經營情況，大都是由這些大使們提供的，比如美國領事金巴斯提供了巴庫油田的情報。部分公開的許多外交人員的名字，甚至乾脆列在標準石油公司的在職人員名單中。

對此，洛克菲勒在他的回憶錄中這樣寫道：「**給我們最大幫助的，正是華盛頓的國務院。我們**

的大使、公使和領事們，協助我們開闢了通往新市場的道路，這種市場一直延伸到世界上最遙遠的角落。」

儘管得到政府的大力支持，但他沉默低調的性格，讓他在任職期間遠遠未能認識和利用新聞媒介的力量。結果，這一弱項在一八八五年之後便暴露無遺。

此時，洛克菲勒對原油儲備憂心忡忡，距離賓州最初發現石油已經過去了二十五年，全美國境內再也沒有發現大油田。有人甚至建議，公司應該退出石油業，轉入更為穩定的行業。洛克菲勒拒絕了這個提案，卻又擔心以後可能不得不轉而使用俄國生產的原油，這讓他非常難以接受。

一八八五年，喜訊傳來，在俄亥俄州西北部，一支尋找天然氣的小型勘探隊，意外鑽探出一片油田。這個事實表明，美國除了賓州之外的廣袤國土上，也有著豐富的石油蘊藏。聽到這個消息後，洛克菲勒迅速做出決定，以冒險家的精神，簽下俄亥俄相關地區的土地租約。兩年後，事實證明了他的正確性，俄亥俄州和印第安那州的油田，產量全面超過了正在走向凋敝的賓州，成為美國原油生產的老大。

借助這次大油田的開發利用，標準石油公司又進行了一輪併購。其勢力迅速從美國東海岸擴展到西部和中部，從而完全限制了石油行業中產生新競爭對手的可能。然而從此時開始，社會輿論與政府態度發生了重大轉變。

一八八七年，州際商業法案在美國國會通過，它規定，鐵路聯營和折扣運費屬於非法行動，政府專門建立了管理委員會對此進行監督。在公開場合，標準石油公司對新法案所提出的內容裝作十分歡迎，但人們卻非常懷疑其私下的做法，有種種跡象顯示，這家托拉斯依然在透過不同方式，規避這一管理制度。直到一九〇七年，他們因為類似手段，被處以公司有史以來數額最大的罰款，情況才有所改變。

一八八八年是美國的大選年，針對經濟壟斷的抗議活動，在全國境內大爆發，受到譴責的包括石油業、威士忌酒業、糖業以及幾十種其他行業的托拉斯。美國西部和南部的土地改革支持者，鼓動民眾反對鐵路部門，認為它們是壟斷者的幫凶；新教福音派信徒則認為壟斷導致財富分配不均，帶來了社會道德危機；勞工組織的工人運動急劇高漲，與資方衝突日漸加劇……這些來自底層的呼聲，迫使參選的兩黨在施政綱領中，開始嚴厲批評壟斷行為。

如果說全國各地的洶湧議論尚且顯得有些混亂嘈雜，那麼新聞媒體有組織、有計劃的抨擊，就更容易圍繞標準石油公司和洛克菲勒本人，形成強大的輿論風暴。到一八八八年，絕大多數有意願反對洛克菲勒的人，已經形成了很有影響力的遊說集團，他們不斷地與記者進行溝通聯繫，向標準石油公司發起進攻。在這些記者中，表現最為出色的當屬亨利・勞埃德，他家境富裕、才華過人，畢業於哥倫比亞大學，取得了紐約州律師資格，後來又成為《芝加哥論壇報》大股東布羅斯家族的乘龍快婿。一八七八年開始，勞埃德就盯上了標準石油公司，他在一篇篇文筆老練、華麗動人但又措辭尖銳的社論中，向公眾披露了大量關於標準石油公司的壟斷經營內情。一八八一年三月，他在《大西洋月刊》上發表了名為〈一個大壟斷家的故事〉的報導，這篇報導文筆辛辣，但又有理有據，再加上雜誌本身發行量很大，頓時引起轟動，這期雜誌甚至加印了六次。

勞埃德最為厲害的地方，是他首先承認標準石油公司擁有著「合理的龐大規模」，但他又指出，這種所謂的合理並不合乎道德，因此更應該受到指責。他一針見血地指出，標準石油公司實力龐大的關鍵，在於其與鐵路之間的祕密結盟。為此，他將公眾注意力引導到洛克菲勒和范德比爾特、古爾德、斯科特這些人的合作上，認定洛克菲勒就是壟斷的具體化身。

為了讓文章更吸引人，勞埃德偶爾也會像其他許多記者那樣捕風捉影、添油加醋。他曾經在報紙上寫道，洛克菲勒在克里夫蘭擁有一家麵粉店。在另一篇文章中，他又為標準石油公司起了個後世聞名的外號「章魚」。當然，他的大多數話語確實具有鼓動力，例如他指責標準石油公司操縱了兩個參議員，並認為他們「在賓夕法尼亞州議會裡暢行無阻」，他還宣稱「美國可以引以為豪並深感滿足的是，它為世界培育了有史以來最成功、最狡詐、最卑鄙的壟斷企業」。

勞埃德在日復一日的指責中，逐漸形成了清晰的提議。他建議應該設立一個聯邦政府機構對鐵路運費統一管理，並預見到了制定州際商業法規的必要性。儘管他的這些建議後來全部被落實，但洛克菲勒自始至終都沒有直接回應他，他解釋說：「我當時是將精力全都放在公司的擴大、發展和業務完善上了，沒時間去和造謠生事的傢伙吵架。」

洛克菲勒身處輿論風暴中心的淡定態度，也影響了標準石油公司的員工們。一八八二年，《紐約太陽報》曾經派出記者去克里夫蘭，試圖混進標準石油公司去採訪洛克菲勒。這名記者無法接觸到他，就只好去採訪了上百名公司雇員，但他沒想到的是，這些人全都在採訪中沉默無語，顯然學習了洛克菲勒的態度。不過，這並不代表公司內部就沒有反對的聲音。

一八八七年五月二十四日，標準石油公司高層管理團隊中重要的威廉・沃登，向洛克菲勒寫了一封言辭懇切的信。在這份信中，沃登為公司目前展現在公眾面前的形象感到痛心。他提出：「我們取得了商業歷史上前所未有的成功，全世界都知道我們的名字，可是沒有人羨慕我們在公眾當中的形象。別人認為我們是一切邪惡、冷酷、壓迫、殘忍行為的代表（但我們覺得這樣說是不公正的），他們對我們投以白眼，蔑視地向我們指指點點……我們當中誰都不會選擇現在這樣的名聲，我們都希望那些令人尊敬的人尊敬我們、喜歡我們、祝福我們。」

在信件的後半部分，沃登提出分享利潤的計畫，以此來緩解對手們對標準石油公司的敵視。他要求洛克菲勒仔細考慮這樣的計畫，甚至直言不諱地建議洛克菲勒應該和夫人談談，想像一下她是多麼希望丈夫受到尊重和祝福。

身處輿論風暴中的洛克菲勒，是否真正讀進去了這封信的建議？後來的人們不得而知。

此時此刻，洛克菲勒和標準石油公司再也無法回頭，他必須做好準備，去應對有史以來對壟斷企業的最大規模調查。

謝爾曼法案

洛克菲勒並非對沃登的建議無動於衷，但他已經無暇再去緩慢執行其中的建議。當木秀於林之時，努力抵禦狂風，顯然比主動戕伐自我更為積極、更為現實。

一八八八年初，紐約尚浸在冬日的寒冷中。一天中午，一位身著制服的司法人員行色匆匆地來到百老匯二十六號標準石油公司總部，他走進接待室，表明來意，說是應州法院的命令，前來將參議院的聽證會傳票交給公司總裁洛克菲勒先生。

負責接待他的櫃臺人員面無表情卻客氣禮貌地說道：「很抱歉，先生，洛克菲勒先生沒有來上班，他應該還在城外。」

這位小公務員顯然早有預備，他馬上離開大樓，踏上馬車，前往位於第五十四大街的洛克菲勒宅邸。僕人彬彬有禮地向他問好，並告訴他洛克菲勒先生雖然在家裡，但身體欠佳，無法見客。

此時，已經是黃昏時分。送達員知道事關重大，不敢擅離職守，於是在洛克菲勒宅邸前的門廊下枯守了一夜。第二天清晨，他再次按響門鈴，聽到的卻是洛克菲勒先生已經離開了的託詞。直到這天晚上，精疲力竭的送達員才將傳票送到他手上。

這件事很快就傳了出去，輿論對洛克菲勒更加不利，人們認為，排名全國富豪前列的洛克菲勒，居然以「逃亡」形式來躲避傳票、為難小辦事員，顯得太過小家子氣。但洛克菲勒態度和藹地向外界表示，自己並不是在躲避司法人員，他說當時自己並不在家，而是在俄亥俄州處理事務，聽到傳票的消息才匆匆趕回來。

其實，這並不是洛克菲勒第一次接受調查。早在十九世紀七〇年代，他支持組建南方開發公司之時，就有調查鐵路公司歧視行為的調查小組，對標準公司進行審查，並發現許多對公司不利的證據，包括其如何合併其他公司、勾結鐵路分攤生意、限制鐵路與獨立廠商來往的行為。當時，調查小組並無他法，只是對其進行了嚴厲指責。但這一次，政府採取了實質性行動：要求他必須出席聽證會。

為了確保洛克菲勒能夠應對紐約參議院發起的聽證會，標準石油公司聘請了著名律師約瑟夫·喬特。剛開始，喬特並不喜歡洛克菲勒，他發現對方除了打招呼時很熱情，接下來就深陷在沙發椅裡，露出無精打采的模樣。更令喬特難堪的是，洛克菲勒對他提出的問題總是顧左右而言他，反過來卻還要盤問他種種問題。

喬特擔心地向弗拉格勒提問：「到底怎樣和洛克菲勒先生打交道？我覺得他似乎對很多事務都不明白，總是在提問。」

弗拉格勒笑了，他非常瞭解洛克菲勒對這些事務的厭煩感。因為幾年前洛克菲勒曾經在奧爾巴尼出庭作證，那次他連續對三十個不同的問題都做了相同的答覆，而且每次都沒有聽從律師的建議去回答。這一次，起碼他學會請教律師了，想到這裡，弗拉格勒寬慰律師說：「沒關係，您不必為他擔心，他肯定能照顧好自己。」

喬特半信半疑地同意了，繼續為不久之後就要進行的聽證會做準備。

二月上旬，聽證會如期舉行。洛克菲勒身著正式外套、頭戴禮帽，在喬特律師的陪同下，走進了紐約市最高法院。當法警打開門門時，旁聽席上正在竊竊私語的人們突然安靜下來，全部將視線投到他的身上。儘管此時他已經四十九歲，但依舊相貌英俊，頭髮理得很短，略微發紅的棕色鬍鬚修剪得十分整齊。洛克菲勒並不在乎那些或質疑，或敵意，或溫和的視線，而是帶著堅定的神情，大步走進法庭，然後在自己的位置上落坐。

聽證會正式開始之前，是例行的宣誓環節，但洛克菲勒表現得非常主動。他充滿激情地吻了《聖經》，臉上充滿了對上帝的信心與熱忱。但當調查委員會開始提問之後，喬特發現，洛克菲勒完全變了，他雖然依舊和藹可親，但看上去卻顯得茫然而健忘，甚至有些思維混亂。這些特徵加上他眼角的皺紋，很容易讓人感到，曾經不可一世的商業鉅子，已經被責任與壓力逼到了承受的極限。只有極少數的人才能理解，這只不過是洛克菲勒自然而然的「表演」習慣。

首先提問的，是調查委員會法律顧問羅傑・普賴爾，與喬特不同，他是個喜歡裝腔作勢的律師，似乎因為終於能夠面對面質詢洛克菲勒而感到激動，普賴爾不停地來回踱步，並用灼熱的目光在洛克菲勒臉上掃來掃去，甚至用一根手指指著洛克菲勒發出提問。對此，洛克菲勒始終平靜如常，在他臉上根本看不到任何表情變化。回答問題時，他聲音洪亮，吐字清晰，口氣雖然有所變化，卻聽不出任何惱怒情緒。

聽證會之前，標準石油公司一致同意，將所能透露的資訊壓縮到最少。

助手保羅・巴布科克向洛克菲勒建議說，反托拉斯風潮只是一時的狂熱，聽證會也只不過是其中一部分。對聽證會的態度必須保留看法，迴避所有問題，既要答得客觀屬實，又不能留下任何把柄，例如不要提供任何統計數字。洛克菲勒採信了這一建議，在聽證會上，他確實沒有透露什麼重要資訊。然而，由於之前保密工作做得太好，結果他無意中透露的些許消息，實際上都成為標準石油公司首次對普通民眾公布的「重大事項」（儘管調查委員會對此已十分熟悉）。例如，他首次提供了一八八二年公司起草的托拉斯協議，公開了委員會成員的名單，透露了公司當時就擁有將近七百名股東。似乎為了表明誠意，他甚至列出了托拉斯下屬的四十一家公司，其中有許多公司之前從未透露過這層隸屬關係。當然，為了反駁對自身壟斷石油業的批評，他也提交了上百家與其「競爭」的獨立煉油廠名單，還提到了自己如何與俄國石油企業進行激烈競爭的事情。

洛克菲勒憑藉著過人的穩定心態，不僅沒有失去聽證會的主動權，還反過來抓住了普賴爾律師的漏洞對其進行誤導。或許是需要準備的材料相當多，普賴爾在就南方開發公司提問時出現了錯誤，他將南方開發公司說成了「南部開發公司」。洛克菲勒不動聲色地發現了這個口誤，便立刻否認自己曾經是這家公司的股東，然後就公司名稱究竟是什麼，同普賴爾兜圈子。後來，洛克菲勒在回憶時信心十足：「我很平靜，很有自制力。我知道作為證人，我沒有責任主動提供任何證詞。他們以為在把我帶進圈套，其實是我把他們給帶進去了。」

羅傑・普賴爾畢竟見多識廣，在問詢快要結束時，他已經被洛克菲勒深深地打動了。他知道，面前這個看似樸實無華的中年人，根本不是外界所傳言的那樣，可以單純地用邪惡、貪婪、獨斷等形容詞去描繪。在結束提問時，他特意走到證人席前，使勁拍打欄杆，問洛克菲勒是否有機會能帶他一起參觀標準石油公司的工廠。

快到中午時，聽證會中途休息，洛克菲勒和下屬們一起吃午飯。用餐期間，他平靜地問律師喬特自己表現得如何，喬特如實回答說：「洛克菲勒先生，我確實沒見過更為出色的證人了。」

此後的幾次聽證會，洛克菲勒繼續保持著沉穩的應對，提供了在本方看來相當出色的證詞。然而，無論他的表現如何，幾週之後，調查委員會對標準石油公司的負面看法是不會改變的。到五月份，調查委員會發布了報告，報告聲稱，標準石油公司是「原始的托拉斯」，是「一種體制的典範」，「這種體制已經像疾病一樣，在這個國家的商業系統裡傳播開來」。此外，報告也否定了洛克菲勒關於石油行業競爭活躍的說法，反而稱標準石油公司「幾乎是石油業唯一的占有者，它將競爭對手差不多都擠出了這個行業」。不過，報告並沒有實質性的建議，而是宣布了對標準石油公司免於起訴。

在調查報告被公布之後，社會輿論進一步被激發起來，反托拉斯的呼聲越來越高，反托拉斯運動正式拉開帷幕。推動這一運動背後的力量，首先是美國悠久的自由貿易的傳統觀念，其次是反壟斷、反貿易限制活動的習慣。在針對國家控制的美國第一銀行和美國第二銀行的運動中，厭惡壟斷的思想深入人心。南北戰爭後，全社會對政府壟斷事業的關注矛頭，轉向了類似於標準石油這樣的企業壟斷組織。結果，有十四個州在州憲法上進行規定，取締壟斷或反對限制貿易。到一九〇〇年，反對壟斷的州政府增加到二十七個，制定了反托拉斯法律的州則增加到十五個。

然而，各州分別制定的相關法律，實際上對標準石油公司這樣的大型托拉斯毫無作用，甚至對其他壟斷組織也沒有約束力。因為只要是壟斷組織，其經營範圍通常都跨越了好幾個州。因此，才會出現紐約州聽證會這種雷聲大、雨點小的結果。某種意義上而言，洛克菲勒是在激烈的商戰之後，才打造出了無所不用其極的壟斷武器，所以他給立法機構的教訓是：必須通過對其創業生涯的研究，來制定出與之相剋的反托拉斯議程。

果然，一八八九年十二月，在國會收到的十五六份類似的議案中，有一份議案引起了關注。那是俄亥俄州參議員約翰・謝爾曼提出的。數年前，當他籌集選舉經費時，洛克菲勒還專門寄過去一張六百美元支票（這是那時常見的做法）。不久後，當選為參議員的謝爾曼，就反過來批評標準石油，將它作為反托拉斯議案的標靶。

一八九〇年七月二日，哈里森總統簽署了謝爾曼反托拉斯法，該法案規定，凡是阻礙商業發展的托拉斯企業和聯營企業皆為非法。對違反該項法案者最高處以五千美元的罰款或一年監禁，或兩者並罰。

然而，這項法律的通過並沒有滿足反托拉斯運動宣導者的要求，在社會輿論看來，該法案含義模糊，也並沒有得到認真執行，總體上漏洞百出，是人們口中的那種「瑞士乳酪法案」。諷刺的是，由於謝爾曼法案宣布透過行業公會進行合作是非法的，結果許多公司只能直截了當地進行合併，從而避免行業生產能力依舊過剩，這反而帶來了更加明顯的壟斷，違背了法案的初衷。

即便如此，謝爾曼法案還是有其歷史性作用的，這條法案如同里程碑一般，標誌著美國聯邦政府對標準石油等壟斷大公司的「開火」。它的頒布，與其說是政府直接採取了有效措施，不如說是為了儘快讓公眾安下心來。在倉促完成開場鑼鼓之後，美國政府主導的反壟斷大戲，在二十世紀之初盛大開場。

巧妙的金蟬脫殼

謝爾曼法案可以看作立法機構向洛克菲勒發出的第一聲警報。在來自高層的警報尚在醞釀之時，另一場針對標準石油公司的實質性起訴，卻從俄亥俄州哥倫布市的書店裡悄然萌芽。

一八八九年秋季，一個週末的傍晚時分，哥倫布市商業區華燈初上，生意盎然。經過一週的緊張工作，街道上車水馬龍，從普通工人到商賈名流，都選擇以不同的方式來度過寶貴的休閒時光。

在街邊的一家書店裡，俄亥俄州首席檢察官、共和黨人大衛・華生，正沉浸在書海之中。華生相當年輕，擔任首席檢察官剛滿一年，除了日常忙碌公務之外，他熱衷讀書，從種種出版物中把握時代的最新方向。

華生走過熟悉的書架，忽然意識到那裡多了幾本新書，他停下腳步，伸手取下一本小冊子。打開那廉價的棕色仿皮革封面，一行大字映入眼簾「托拉斯：近年來的聯合企業」，其下方是作者署名：威廉・科克。

雖然之前從未聽說過這位作者，但華生馬上聯想到身邊的傳聞。同事們說，在內布拉斯加州，檢察機構已經開始調查威士忌托拉斯案件。於是，他便對這本書產生了濃厚的興趣，並決定將之買下來。

回到家後，華生認真地閱讀這本書。越讀下去，他就越意識到托拉斯對美國自由商業精神和未來市場競爭發展的阻礙力。雖然華生所在的共和黨看重大企業主的利益，但華生和許多普通黨員一樣，有著自己的立場和原則，他意識到，社會上層出不窮的反托拉斯運動，並非毫無來由，而是關乎許多人乃至整個國家的未來命運。

當翻閱到該書附錄時，華生原本開始平靜下來的心情，再一次不安起來。他發現，按照威廉・科克的調查說法，在過去七年中，俄亥俄州的標準石油公司將該公司的控制權轉給了大多數住在俄亥俄州以外的紐約託管人，這實際上違背了該州的法律。

華生倒抽一口涼氣，如果這本書所說屬實，那麼這只能說明自己的前任多年以來，對俄亥俄州標準石油公司的違法行徑不聞不問。現在，無論從職責還是信仰角度，華生都決定對此加以過問。

受到這本書的啟發和影響，華生開始周密準備，四處搜集材料。一八九〇年五月，他正式代表監察機構，向該州最高法院提出公訴，要求追究俄亥俄州標準石油公司的不當行為，並直接要求解散標準石油公司。

標準石油公司的高層對此做出了反應。一開始，他們認為這種做法必然來自於商業競爭對手的騷擾，當他們弄清楚了事情真正的來源後，又透過華生所在的共和黨高層，試圖對其檢查行為進行干擾。實際上，由於俄亥俄州以工業為主，傳統上支持保守的共和黨，而作為該黨堅定的贊助人，洛克菲勒覺得自己是被欺騙了。他曾經為這次訴訟抱怨道：「我們從共和黨那裡得到的是不公平的待遇。」

很快，支持標準石油公司的共和黨領袖馬克・漢娜，就給華生發出了一封批評信，在信上，漢娜的用詞很是嚴厲。他說：「標準石油公司，是來自全國最優秀、最有實力的人物領導和管理的，他們幾乎個個都是共和黨人，在對本黨的捐獻中，一向非常慷慨。而據我所知，洛克菲勒先生也一直在默默做著貢獻。」隨後，他努力勸說華生放棄上訴，但華生始終不為所動。

雖然漢娜曾經寫信暗示洛克菲勒，說自己正在努力，但洛克菲勒後來卻否認了試圖干擾檢察官。後來，華生身邊的同事進一步透露，華生曾經先後六次面對賄賂的誘惑，其中有一次行賄的現金數額高達十萬，目的都在於停止辦理這一案件。

無論這些阻撓是直接來自於洛克菲勒的授意，還是標準石油公司其他領導層的干預，都無法改變最終的結果。一八九二年三月二日，在標準石油托拉斯帝國堅不可摧的綿延長城上，終於出現了一個從未有過的缺口。根據華生提出的上訴，俄亥俄州高級法院裁決認定，俄亥俄州標準石油公司確實受到百老匯二十六號託管機構的控制，它必須宣布退出這項托拉斯協議。

當判決結果公布之後，兩年來始終在負責應對訴訟的阿奇博爾德對此感到很遺憾。在總裁辦公室裡，他沮喪地向洛克菲勒彙報說，事情變糟了，這一次恐怕真的要解散執行委員會。

洛克菲勒對此未置一詞，但他的表情卻說明，自己早有準備。他的目光久久凝視窗外，那裡能看見曼哈頓島上最著名的地標建築物——高聳的自由女神像。阿奇博爾德謹慎地沉默著，等待著他開口。

過了一會兒，洛克菲勒似乎是自言自語，但又無比堅定地說：「那就將總公司設到紐澤西去。」

阿奇博爾德馬上就領會了他的意思。在美國，州政府其實才是社會生活中最重要的立法與執法部門，很多事務上，聯邦只是發揮聯絡和規範作用。與俄亥俄州不同，紐澤西州傳統上就有著發達的工商業，共和黨人勢力雄厚，對大企業更加寬容。

早在一八八八年，紐澤西州就推出法案，規定該州公司可以擁有其他州公司的股份。在謝爾曼法案通過之後，紐澤西州議會在支援大企業的勢力的遊說下，也將法案修改得更加有利於洛克菲勒，其中規定：企業體的負責人，可以用個人名義購買其他公司股份，當他已核發程式取得其他公司股份時，也獲得該公司資產的所有權、礦產權和工業權。

此外，從地理上考慮，紐澤西也非常有利於標準石油公司的產品外銷。而此時這家托拉斯所生產的五〇％的產品，都是銷往歐亞地區的。

阿奇博爾德迅速將洛克菲勒的意圖執行下去。從俄亥俄州最高法院宣判的第二天開始，紐澤西州標準石油公司開始增資，經由增設股份、擴充企業，並向托拉斯買進大量股票，這家原本位居下屬的公司，成長為一個驚人的大企業。與此同時，各州的分公司先在表面上從托拉斯中解散，各自經營，但董事會依然強調股東保持原有利益，各公司照常營業，高級職員依然按期到紐約總部辦公室開會，只是不再以執行委員會的名義而是由清算的名義來進行收入管理。

在長達七年的調整之後，下屬成員公司理清了各自的股權結構。標準石油公司於一八九九年六月改組，洛克菲勒指示紐澤西標準石油公司重新登記，使其有權交換總部下屬二十個公司的股份，該公司資金增長到一・一億美元，並發行一百萬股的普通股票和十萬份優先股。六月十九日，董事會宣布，所有下屬二十家公司與托拉斯已廢除的股票，全部更換成紐澤西標準石油公司的股票。

利用偷梁換柱，法律上分散獨立的公司，又全部團結起來。在股票集中之後，標準石油公司正式復活。到一九〇六年，公司的總資金是三・六億，每年純利潤超過八千萬美元，雖然此時洛克菲勒早已退休多年，但實際上，這一切依然在他的指揮中。改組如此龐大的企業，他的戰略操作是他人無法想像的。

新的標準石油公司，採用了與之前不同的形式：控股公司。控股公司實際上是托拉斯在新時代的發展，與之前企業直接合併或祕密協定的方式比起來，控股公司有顯著優點：首先，控股公司買進其他公司的多數普通股票，無須同其他股東商量，進而能直接掌握該公司的絕對控制權；其次，被收買的公司，在名義上還是在獨立經營業務；最後，採用控股公司的形式，能便於掌握要收購或兼併公司所需要的巨額資金。

在這個時代，控股公司並不是洛克菲勒的發明。一九〇一年，擁有十億美元巨額資本的美國鋼鐵公司，也以該形式成立。除此之外，在一八九九到一九〇三年，以控股公司出現或復活的托拉斯還包括國際收割機公司、北方證券公司，充分說明了控股公司的優越性。

年過六旬而退居幕後的洛克菲勒，以其過人的智慧與力量，讓整個標準石油公司金蟬脫殼，繼續在新世紀延續著往日的壟斷輝煌。然而，青山遮不住，畢竟東流去，他窮其一生所精心孕育的瑰麗薔薇，在崇尚自由商業競爭的美國社會眼中，終究將變成吞噬未來希望的「惡之花」。不久之後，更高級別的訴訟、更為堅定的判決，將降臨到標準石油公司的頭上。

頂層的制裁

在金蟬脫殼的計畫基本落實之後，洛克菲勒選擇了急流勇退。同時，標準石油公司的業務在其歷史上達到巔峰狀態。當時，全美國八四%的石油產品都是這家公司銷售的，三分之一的原油都是其開採的。雖然電力的使用率不斷增長，但石油生意的前景卻沒有被所謂的專業分析預言所影響。在生活方面，煤油爐、客廳燈、清漆等產品長銷不衰，石油原料供不應求，油價持續上漲；工業上，石蠟成為正在迅猛發展的電話業、電力業所必不可少的絕緣劑；更重要的是，由於汽車的出現，標準石油公司正竭力為新興的汽車製造商們服務，當亨利・福特的流水線生產出第一輛汽車時，身後期盼的人群中，就有標準石油公司的推銷員查理・羅斯，他手中提著的正是標準石油公司生產的汽油。一九〇〇年，懷特兄弟在基蒂霍克海灘試駕飛機，開啟人類對天空的探索征程，這次載入史冊的飛行所使用的汽油，同樣也是標準石油公司的推銷員送去的。

新的用途、新的市場，大大緩解了煤油生意的萎縮，但外界輿論依然對標準石油公司不利，批評者找到了更多的事實來支持激烈的抨擊。

不久後，著名的《標準石油公司史》一書出版。本書作者是傳記女作家艾達·塔貝爾，她從一九〇二年就開始準備此書，其寫作態度認真、筆調嚴肅客觀。為了寫好該書，她採訪了許多石油界人士，也包括亨利·羅傑斯這樣的標準石油公司高層。塔貝爾並不諱言她的偏見，因為她的父親，就是一位受損的石油生產企業家。因此，她既稱讚了洛克菲勒及其團隊的傑出工作能力和事業成就，也嚴厲譴責了標準石油公司的巨大財富是建立在欺詐、高壓、特權等手段上的。

這些來自社會的輿論抨擊，原本並不一定會對公司產生實質性的影響，標準石油公司完全可以繼續「金蟬脫殼」，以控股公司的形式延續托拉斯的美夢。然而，一件意想不到的「黑天鵝事件」，改變了歷史進程，導致來自白宮的頂層權力，直接盯上了標準石油公司。

一九〇一年九月五日，美國總統威廉·麥金利來到紐約布法羅，參加泛美博覽會。這一天，他發表了熱情洋溢的演說。第二天，他按照預定日程，參觀了尼加拉大瀑布，隨後又來到博覽會音樂廳參加盛大的招待會。

招待會上，各界賓客雲集一堂，總統所到之處，人們紛紛伸出雙手，想要獲得與總統握手的機會。二十八歲的利昂·喬爾戈斯也是其中一人，他混跡在人群之中，悄無聲息地掏出了手槍，警衛人員忙著掃視正在和總統握手的人，根本就沒有注意到他。

喬爾戈斯順著人流，走到麥金利面前，抓住機會扣動扳機，朝麥金利腹部連開兩槍。整個音樂廳頓時大亂，警衛人員蜂擁而上，抓住了喬爾戈斯，並將總統送到急救室。在那裡，醫生匆忙地取出了一顆子彈，但極差的醫療條件讓他們找不到另一顆子彈，只能縫合傷口了事。

九月十四日，由於第二顆子彈在體內引起潰爛，麥金利撒手人寰。在對喬爾戈斯的審訊中，凶手非常痛快地承認了自己的罪行，並放棄了申請辯護的權利，他承認，殺害總統是因為他憎恨總統對勞動人民的漠視與敵對態度。

由於凶手秉持的政治立場，流言不脛而走。有傳言說，總統麥金利只是暗殺名單上的第一個人，摩根和洛克菲勒的名字也在名單上。為此，洛克菲勒的莊園中增加了全副武裝的保鏢，他本人也深居簡出。但相比這種傳言中的威脅，洛克菲勒更在乎的是白宮易主的問題。

毫無疑問，麥金利是標準石油公司的朋友，他身為共和黨人，更願意保護大企業的利益。私交上，馬克・漢娜是一手支持他競選成功的重要顧問，而漢娜和洛克菲勒是少年時代就相識的朋友。只要麥金利還在白宮，洛克菲勒就會有極大的安全感，所以他在一九〇〇年十一月寫道：「美國的確應該為麥金利先生的當選而歡慶。由於財政利益建立在堅實的政治基礎上，今後的四年當中，美國人民的共同幸福會得到更大程度地實現。」

然而，伴隨那兩聲突如其來的槍響，一切都變了。麥金利離世幾小時後，年僅四十二歲的副總統西奧多・羅斯福繼任了美國第二十六屆總統。

與那些到處拉選票、搞腐敗的政客不同，羅斯福是個嶄新的人物。他家境富裕，素有教養，是荷蘭移民後裔，家族在曼哈頓做房地產從而發家致富。與許多傳統人士一樣，他對新興工業階層崛起過程中運用的種種手段感到厭煩，並因此被紐約的實業家們從州長位置上「廢黜」，而轉到了副總統的虛位上。沒想到，此舉反而成就了後來的羅斯福。

走馬上任之後，羅斯福專門將政府在鐵路運輸、食品藥品等方面對大企業採取的管理、監督措施加以整合，形成法案，根本不在乎來自華爾街的批評。與此同時，他還懂得用雙面戰術來應對托拉斯大亨們。他先是請約翰・P・摩根吃了頓飯，表明自己正在「努力同權勢階層保持聯繫」。隨後，他又與標準石油公司重量級人物弗拉格勒的助手，進行了友好會見。這些舉措似乎說明，他並不是激進的改革派。但很快，人們又看出這些示好不過是暴風雨到來之前的寧靜。

一九〇二年二月，羅斯福沒有任何預先警告，就對摩根的北方信託公司發起反托拉斯訴訟。摩根雖然心中憤憤不平，但也默默接受了事實，並繼續對羅斯福做出讓步。相比之下，洛克菲勒和整個標準石油公司，都沒有看穿這位年輕總統的真實目的，所以缺乏與之主動溝通合作的真誠態度。

很快，全國上下都意識到，羅斯福正在成為真正推行謝爾曼法案的第一位總統。一九〇四年，羅斯福成功連任總統，特別成立了一個由五位著名律師擔任成員的反托拉斯小組，協助相關部門調查、審理有關案件。此後幾年內，美國總共發生了四十二起反托拉斯訴訟，而在此之前的十一年裡，全國上下總共才有十七起類似案件。因此，全美上下輿論對他抱以厚望，將他稱為「轟炸托拉斯的巨型轟炸機」。

羅斯福認為，過去的反托拉斯立法是非常愚蠢的，因為托拉斯組織也分好壞。「好的」托拉斯，能夠提供合理價格、優質服務，而「壞的」托拉斯則只是為了榨取錢財。對於前者，可以允許存在，而對於後者，無論其勢力有多大，都應該加以剷除。

誰才是「壞的」托拉斯代表？無論在公開場合還是私人信件中，羅斯福都多次用洛克菲勒作為例子。一九〇八年一月三十一日，他在寫給國會的信中這樣說：「國會必須嚴格查處諸如標準石油集團這樣胡作非為的企業，禁止他們任意併吞同行、威脅公共運輸業、壟斷市場、壓制消費者權利。應當設法阻止他們逍遙法外。」

實際上，從羅斯福的連任開始，標準石油公司註定要成為聯邦反壟斷調查的靶心。當時有人認為，標準石油是一家著名的托拉斯母公司，其生產的是與每個人都有聯繫的消費品，其中有大量的材料可以發掘、調查。更何況，在新世紀到來之際，石油正在被應用到更多的新領域，由一家企業去掌控整個行業的現象，是無論如何也不能繼續了。

然而，洛克菲勒的倔強脾氣讓他多次錯過與羅斯福和解的機會。他誤解了總統的意圖，也沒有瞭解到公眾要求嚴懲標準石油公司的情緒。一九〇六年，當羅斯福將石油托拉斯和鐵路勾結的報告公之於眾時，洛克菲勒依舊反對公司去多說什麼。再加上羅斯福在同公司首腦見面時彬彬有禮、和藹可親，讓洛克菲勒錯判形勢，以為總統並不會真的出手，最多只是在保持姿態而已。

就在洛克菲勒的猶豫中，羅斯福完成了對標準石油公司的所有計劃部署，在「滴答滴答」的時鐘聲中，這家公司即將迎來命運的終點。

終見瓜分結局

西奧多・羅斯福喜愛狩獵，他知道，想要捕獲大型獵物，不能指望一擊即中，而是要事先不斷採取迷惑與追蹤的姿態，消耗對手的生命力，瓦解它們的意志。

在對待標準石油公司上，羅斯福完美地貫徹了這一原則。

從一九〇六年到一九〇九年，聯邦政府不斷傳訊洛克菲勒和其他高管出庭，並控告標準石油公司及其各下屬公司與鐵路公司相互勾結，暗中降低運費並獲取特殊折扣。在這些措施面前，標準石油公司只得取消與鐵路公司的祕密約定，提高運費，停止享受特殊待遇。然而，這並不是羅斯福的最終目的。在標準石油公司的名聲動搖之時，在他的親自過問下，特別檢察官弗蘭克・凱諾克，正式對紐澤西標準石油公司發起控告。這一控告在一九〇六年就由巡迴法庭受理。凱諾克整整花費兩年，搜集了標準石油公司壟斷市場、攫取利潤的大量證據，直到一九〇七年底法庭才正式開庭審理。在漫長的庭審過程中，凱諾克檢察官向法庭列出了紐澤西標準石油公司的四大罪狀。

第一，紐澤西標準石油公司利用各地分公司，在不同地區開展經營業務。

第二，標準石油公司壟斷了整個對外銷售的市場。

第三，被控告的九人委員會，擁有控股公司絕大部分的股票與產業。

第四，近八年來，標準石油公司淨收入五億美元，法庭由此瞭解到自一八九二年俄亥俄州判決公布後，托拉斯進行的股票清理和控股公司成立的過程。

面對指控，洛克菲勒不得不在一九〇七年十一月十八日再次出庭作證，雖然他實際上處於退休狀態，但名義上他依然是公司的負責人，為此，他只得在開庭前恢復去百老匯二十六號上班的狀態，與律師一起演練法庭的對答。在這段時間裡，他和律師侃侃而談，宛如鄉間紳士對往日的追憶。他描繪當年自己如何篳路藍縷創建出標準石油公司，並將托拉斯解釋成一個公道而慈善的組織，成立的目的在於為競爭失敗者解決生存的道路，從而聯合更多的力量，造福社會。然而，正式開庭之後，洛克菲勒突然彷彿換了一個人。他充分表現出一個六十八歲高齡老者的樣子，滿頭白髮、精神恍惚，在面對凱諾克鋒利的盤問，或者顧左右而言他，或者推說自己記不清了。

到一九〇八年，形勢一度出現改觀的希望。威廉・塔夫脫作為共和黨候選人，接替西奧多・羅斯福成為新任總統。在他上臺之前，不少企業家指望他能夠減緩反托拉斯風暴。然而，塔夫脫總統雖然欽佩和喜歡洛克菲勒本人，卻同羅斯福一樣痛恨「壞的」托拉斯，他一口氣發動了六十五次反托拉斯行動，比羅斯福有過之而無不及。

由於兩任總統多年來前後圍追堵截，真正的審判終於到來。一九〇九年十一月二十日，聖路易斯的聯邦巡迴法庭裁定，紐澤西標準石油公司及其三十七家子公司違反謝爾曼反托拉斯法，該公司必須在三十天內與子公司分離。塔夫脫總統聽聞消息後，稱讚凱諾克檢察官大獲全勝。與此同時，西奧多・羅斯福正在非洲從事他最喜歡的狩獵活動，當他聽到這個消息後，其興奮程度不亞於剛剛捕殺了一頭巨獸，他高興地告訴別人：這個判決是美國歷史上為了尊嚴而取得的最重大勝利之一。

作為最後的希望，標準石油公司馬上組織力量，向聯邦最高法院提出上訴。在等待終審判決的日子裡，公司總部彌漫著沮喪的氣氛。上訴足足拖延了將近兩年，但最終結果的到來卻迅疾無比且無可挽回。

一九一一年五月十五日十六時，聯邦法院首席法官小愛德華・懷特突然宣布了關於第三九八號合眾國起訴標準石油公司案的裁決。在長達四十九分鐘的時間裡，懷特法官用低沉而單調的聲音，宣讀了長達二萬字的判決書，其主要內容就是維持解散標準石油公司的裁決，並要求其在六個月內與所有子公司脫離關係，禁止公司領導人重新以任何形式建立壟斷地位。

這一審判結果公布之後，全國上下為此決定而歡呼。以此為轉捩點，持續了二十年之久的壟斷與反壟斷之間的對抗，終於在形式上結束了。此時，洛克菲勒的內心痛苦可想而知，但他表面上若無其事。當消息傳來時，他正在波坎蒂科莊園和一位神父打高爾夫球，得知這個裁決之後，他並沒有特別懊惱，反而開玩笑地問神父：「您有沒有錢？」神父回答說沒有，又問他是什麼意思，洛克菲勒說：「可以把標準石油公司買下來。」

洛克菲勒根本沒有去看那份冗長的判決書，他只是給過去的所有合作夥伴寫了一封信，信的措辭如同訃告，在開頭部分就頗為沉痛地宣告：「親愛的各位，我們必須服從最高法院。我們這個光輝而幸福的家族，必須要拆散了。」

實際上，對標準石油公司的拆解，並沒有給洛克菲勒本人帶來多少打擊，反而讓他與其他高管比以前更加富有。在判決之後，他搖身一變，成了擁有三十三個不同石油公司原始股票的人，這是以前不曾有過的情況。到一九一六年元月，由於汽車的普及，工業革命發展到了大量使用汽油的時代，由此，紐澤西標準石油公司、紐約標準石油公司以及洛克菲勒手中其他公司的股票一路上漲，他的全部個人財產，由一九〇一年的二億美元，上升到此時的九億美元以上，這個數字相當於一九九六年的一百三十億美元。而那些敢於在股市上買入相關股票的投資者，也都跟著沾光。

財源滾滾而來的「美景」，似乎表明處心積慮打壓托拉斯的政府監管層，再一次輸給了老謀深算的洛克菲勒。華爾街對此的反應，某種程度上狠狠打了西奧多・羅斯福的臉。一九一二年，當他再次參與總統大選時，他憤怒地抨擊說：「標準石油公司的股票價格已經上漲一倍多了，洛克菲勒先生及其一夥，實際上的財富多了一倍！怪不得華爾街的悼詞現在都成了『哦，仁慈的上帝，請再賜予我們一次解散的機會吧！』」

客觀上看，因標準石油公司的解散判決姍姍來遲，洛克菲勒本人利益並未受損，同時市場方面從中獲得的正面影響也相當有限。當最高法院宣布判決時，客觀環境早就削弱了標準石油公司的統治地位。英國石油公司在中東開發出了儲量豐富的新油田，皇家荷蘭石油公司與殼牌公司的合併，讓標準石油公司再增勁敵。即便在國內，德克薩斯、奧克拉荷馬、加利福尼亞、堪薩斯和伊利諾伊等州也不斷發現新的石油儲藏，競爭者源源不斷地進入空白市場。因此，標準石油公司開採原油占全國總量的占有率，已經從一八九九年的三二%下降到一九一一年的一四%，即便在煉油這一傳統強項業務上，也從市場占有率的八六%下降到七〇%。可以預料的是，即便不判決直接解散，人們還是會看到標準石油公司逐漸失去原有的強勢壟斷地位，這是歷史大勢所趨，不會因個人意志而有所偏移。

當判決開始生效時，與元老們哀嘆過去的好時代一去不復返有所不同，那些真正在經營、管理公司的年輕人卻由衷歡迎這一決定。他們認為，在這個汽車普及時代到來之時，那些年過六十的董事們，必然會壓制年輕人的創造才能與全新價值。例如，印第安那標準石油公司的威廉・波頓就是其中的一個，當他聽說公司解體的消息之後，他直言不諱地說：「大家會發現，這是給了年輕人一個良機。」不久後，由於擺脫了上層管理部門的掣肘，他發明了一項高價值的技術，能夠從原油中提煉出更多的汽油，該公司很快透過向其他公司轉讓這一技術而大賺一筆。

面對最終到來的瓜分結局，每個人都有不同的立場與看法。但無論如何，新的時代已經到來，人們將很快看到，當另一個歷史時期的大門敞開。洛克菲勒家族也必須面對熟悉而陌生的舞臺，延續過去的榮光，書寫不同的傳奇。

與「七姐妹」連袂起舞

標準石油公司的解散，正如其崛起那樣，被歷史巧妙地安排在最佳時間點。從二十世紀的第二個十年開始，汽車工業迅猛發展，石油貿易進入高潮期。在這樣的時代背景下，由標準石油公司拆分出的三十八家分公司中，迅速走出了多家強大的石油企業。

當時，在世界範圍內，有七家最大的石油壟斷集團，號稱「七姐妹」。其中美國擁有五家，洛克菲勒家族控制其中四家，另一家是梅隆家族的產業。在美國以外，屹立著英荷殼牌石油公司和英國石油公司。這七家公司，對全球石油業的控制長達數十年之久，直到二十世紀五〇年代，才出現新的挑戰者。

從總體來看，洛克菲勒家族的這四家石油公司，控制了「七姐妹」總體五〇%的資產和原油產量，其勢力之雄厚堪稱魁首。雖然它們各自有著鮮明特點，但其發展歷史又有著千絲萬縷的聯繫。

紐澤西標準石油公司，原先是標準石油公司的下屬分公司，一八九九年改為控股公司後，對其他公司有控股地位。一九二二年，該公司改名為埃克森公司。儘管標準石油托拉斯不復存在，但該公司的行業領軍地位依然不受動搖。它繼續從其他標準石油系公司購買大部分石油原料；它憑藉自身雄厚的品牌實力，從銀行獲取貸款，然後幫助其他公司發展勘探業務；它擁有全世界最為強大的石油銷售網路；公司的許多董事正是當年洛克菲勒的老部下。

埃克森公司的首任總裁，正是洛克菲勒欽點的接班人阿奇博爾德。在某種程度上，他比洛克菲勒走得更遠，儘管他在西部原油開採的戰略上曾經有過估計失誤，但他依然是這個行業最出色的經營者。

在美國國內，埃克森公司控制了盛產石油的德克薩斯州和路易斯安那州的大片油田，加上在其他十九個州擁有的油田，這家公司總共控制了二・三萬口油井，並在國內租賃了全國石油公司租賃地的六〇%。為了應對托拉斯解散後石油供應的不足，在阿奇博爾德的領導下，埃克森公司更重視開發國外原油產地。在許多石油生產國，埃克森公司控制了勘探、開採、提煉、運輸和銷售的所有環節，使得石油開採、生產、運輸、加工、銷售的所有過程一體化。

第一次世界大戰爆發後，各國對石油的依賴變得更為明顯。在戰爭中，飛機、坦克和卡車都少不了石油。由於獲得充足的石油供應，英國獲得了更為有利的地位，而埃克森公司在其中扮演了重要角色，僅其一家公司，就負擔起協約國所需石油的二五%。

一戰結束之後，美國依然是全世界最大的石油供應國。然而，這片遼闊的國土上，石油並不是取之不盡用之不竭的，從二十世紀二〇年代之後，美國石油企業發現，本土面臨的石油枯竭危機越來越明顯。而中東地區的石油被發現和開採，使得全世界石油公司的目光集中到這裡。

埃克森公司正是在這樣的背景下，開始了向中東地區的進軍。一九二二年，在華盛頓政府的大力支持下，埃克森公司進入了土耳其和伊拉克等中東國家，沒有花費太多力氣，就在那裡建立起自己的石油工業。在此後的數十年中，埃克森公司還壟斷了伊朗石油，在北非建立了子公司，並逐步控制亞非拉等國家和地區的石油市場，成為世界上最大的非政府石油、天然氣生產商。

紐約標準石油公司，是傳承自洛克菲勒帝國的另一脈強大後裔，以其紅色飛馬商標而著稱。早在一八八二年，這家公司就開始在英國銷售石油，此後，紐約標準石油公司逐步將業務擴張到遠東地區。

在托拉斯被拆解之後，紐約標準石油公司遇到了和埃克森公司相同的煩惱，起步時擁有龐大市場，卻缺少充分的原料供應。因此，在董事長亨利・科萊福爾傑的領導下，這家公司走上了國際化道路。

一九二五年，紐約標準石油公司收購了原本就與之有祕密聯繫的德克薩斯馬格諾尼亞石油公司。一九二八年，它與其他洛克菲勒派系公司一起，進入中東市場並積極擴大其勢力範圍。一九三一年，經歷了美國的經濟大蕭條，它與一家真空石油公司合併，這家公司之前也和洛克菲勒家族有著祕密聯繫。合併之後，紐約標準石油公司改名為美孚石油公司。

美孚石油公司繼承了洛克菲勒家族性格中好鬥進取的一面，它始終在為生存和發展而努力。直到現在，它的辦事處仍然在百老匯大街二十六號——洛克菲勒家族企業的興盛起點。

一九九九年，埃克森和美孚重新合併，埃克森—美孚石油公司成為當今世界最大的石油公司。

加利福尼亞標準石油公司被納入到洛克菲勒帝國中的歷史，只有短短十一年。它的創始人在加州慘澹經營了一家石油公司，偶然的機會，創始人們聽說洛克菲勒在三藩市開辦了標準石油的分公司，於是明智地前往尋求合作。洛克菲勒在一九〇〇年以不到一百萬美元的價格，買下了這家公司。這筆交易最關鍵的收益在於，標準石油公司獲得了橫渡太平洋的港口，從此可以將石油直接出口到遠東，實現了洛克菲勒當初的夢想。

托拉斯解散後，這家公司很快振作起來，有了洛克菲勒的支持，該公司很快發展。一九一九年，這家改名為雪佛龍的公司已經可以提供美國所需石油的二〇%。從此時開始，雪佛龍公司越來越接近石油生產公司，它的特點和埃克森公司恰恰相反：雖然擁有許多石油原料產地，卻沒有足夠的市場。因此，兩者之間的合作越發緊密。

上述三家公司，多年來始終被人們看作新的「標準石油集團」，它們有著相似的企業品牌，出售價格相同的石油，而它們的董事，依然是標準石油公司的原班人馬，最重要的是，在企業運作初期，它們最大的股東依然是約翰・洛克菲勒。因此，許多人都懷疑它們之間是相互勾結牟利。

在標準石油帝國解散之後，由於德克薩斯州政府和民間徹底的反托拉斯態度，德州標準石油公司幾乎全盤覆滅。梅隆的海灣石油公司得以強勢崛起，與之對立抗衡的，是德士古石油公司。

海灣石油公司的競爭優勢在於自給自足，它既不同於莫爾比石油公司，也有別於加州石油公司。在美國西南部，它擁有自己的開採、提煉、運輸和銷售系統，因此自行生產的石油比埃克森更多，它也有自己的油船運輸力量、市場銷售系統和金融投資體系。而它的對手，則是早就潛伏在德州的卡里南。

卡里南曾在洛克菲勒的標準石油公司工作。一九〇一年，在公司的暗中支持下，他在德克薩斯與德國善根施耐德合夥成立了比海灣石油公司更大的新公司：德克薩斯石油公司，後簡稱為德士古公司。德士古公司低價買下石油，高價賣給標準石油公司，從中營利。此後，它在蘇必略爾湖一帶發現了更多石油，使公司得以持續發展。

一九一三年，卡里南被新任總經理艾爾古德・勒夫金所取代。勒夫金的父親曾擔任標準石油公司的遠東代理人。後來，勒夫金和洛克菲勒、梅隆等家族一起，成為重要的石油世家。到二十世紀五〇年代，德士古石油公司被列入洛克菲勒家族的勢力範圍。在全世界七大石油公司中，洛克菲勒的「女兒」終於增加到四個。

第六章

權力繼承，王位迎來新主宰

（一九一三—一九二三年）

「王儲」初登基

一八七四年一月二十九日，約翰・洛克菲勒迎來了生命中別具意義的時刻。這一天，他破例沒有過問公司的事情，而是在妻子的產房前坐立不安。不知過了多久，房裡終於傳來了嬰兒的啼哭聲，一位護士滿臉喜色地走了出來：「先生，祝賀您和您的家人，是個男孩！」

洛克菲勒欣喜地向上帝禱告致謝，他的事業，終於有了繼承人。這個在冬日大雪天出生的孩子，被命名為約翰・戴維・洛克菲勒，他就是日後的小洛克菲勒。

喜獲子嗣的老洛克菲勒，此時正忙於開拓事業。很多時候，小洛克菲勒還沒有起床，他就匆匆離開了家，直到深夜，兒子已經入睡，老洛克菲勒才拖著疲憊的身體回到家中。

一天，老洛克菲勒深夜回到家，卻在樓梯上遇見在黑暗中坐著的兒子。面對五歲的小洛克菲勒，老洛克菲勒和藹地說：「約翰，你坐在這裡做什麼？」

小洛克菲勒懵懂地說道：「為了向您說句晚安，爸爸。可以在家裡遇到您，真是不容易。」

一時間，老洛克菲勒不知道該說什麼，他抱起兒子，吻了吻小洛克菲勒可愛的臉蛋，帶他上樓睡覺去了。

在這樣的生活環境中逐漸成長起來的小洛克菲勒，自然成為當時家族的女性中唯一的「皇儲」。在他身旁，環繞著祖母、外祖母、姨媽、母親和姐姐。小洛克菲勒深受母親的影響。他的母親雖然身體孱弱，卻具備非凡意志，在她的影響下，小洛克菲勒篤信宗教。

每天早餐之前，這家人都會開始晨禱。母親會鄭重地捧出家裡那本有燙金封面的《聖經》，帶領大家祈禱，隨後，每個家庭成員都要輪流朗讀《聖經》。此時，姐姐們最希望的，就是聽見母親說一聲「阿門」，那意味著大家終於能放鬆下來，享用豐盛的早餐。但只有小洛克菲勒，從始至終都誠懇地望著母親，跟隨她一起禱告。有時，姐姐們不免會嘲笑這可愛而忠厚的弟弟，但小洛克菲勒卻不以為意、一如既往。

洛克菲勒的治家之道，猶如其管理企業時那樣一絲不苟。在小洛克菲勒的童年生活中，家裡不准玩紙牌，星期天要遵守教規不吃熱食，平時的行為舉止也要穩重大方。小洛克菲勒在這樣的環境中長大，擁有了遠超同齡人的早熟。他的神情裡總是帶著嚴肅和靦腆，腦子裡都是上帝、天國、塵世、撒旦之類的字眼，而且總是纏著祖母或外祖母，希望能再多聽一些宗教故事。

然而，家庭所賦予小洛克菲勒的，不止純潔的宗教感情。隨著他不斷成長，富可敵國的財產、深邃隱祕的帝國，正在一步步向他走來。小洛克菲勒雖然被看作「皇儲」，但這個稱號只是表明了他未來將承擔的責任，而並非代表他所能擁有的特權。事實上，小洛克菲勒的童年生活甚至比普通家庭的孩子更加枯燥。他後來回憶說：「我們總是處處以家庭和教會為中心，此外就別無其他了。我們童年時並沒有其他小朋友作伴，上學後，也沒有和朋友交往。」

一八八四年，當小洛克菲勒年滿十周歲之際，洛克菲勒全家從克里夫蘭搬到了紐約。

一八九〇年，小洛克菲勒早已不再是無知的孩童，十六歲的他，轉學到了當地很有名氣的卡特勒學校。此前，他被送到紐約的語言學校讀了一年書。不論在哪裡，由於天資聰穎，加上刻苦勤奮，小洛克菲勒的學習成績始終名列前茅。

一八九三年，小洛克菲勒進入布朗大學。當他來到位於普羅維登斯的校園時，他還顯得相當稚嫩。但他知道，進入高等學府，標誌著自己即將踏入社會，迎來新的人生階段。第一次，或許只是畢生中僅有一次，他跟隨同齡人做了他們共同感興趣的事情：與女孩子約會、觀看足球比賽、參加舞會……大三那年的夏天，小洛克菲勒還雅興大發，邀請了一位好友去歐洲騎車旅行，為此他蓄起了一小撮鬍鬚，將之打理得整整齊齊，似乎在彰顯他的成熟。

與此同時，作為企業家的兒子，小洛克菲勒在大學時代依然保持著精打細算的理財方式。平時，他非常喜歡扮演公費學生那樣的寒酸角色。當衣服的袖口邊起毛了，他就自己動手修理整齊；郵票黏在一起時，為了避免損壞，他不會強行撕開，而是站在熱水前，聚精會神、一絲不苟地用水蒸氣融化膠水，再慢慢把郵票扯開。在同學們眼中，這位洛克菲勒家的公子有如此舉動，簡直令人不可思議，甚至覺得非常可笑而不屑一顧。對此，小洛克菲勒並不在意，反而樂在其中。同學們因此給他送了個綽號叫「怪人」。這綽號經常伴隨著各種以吝嗇為主題的笑話，在布朗大學流傳。

正是在這樣的環境中，小洛克菲勒養成了穩定堅毅的守成精神，無論外界對他作何評論，他依然可以堅持自我原則。到大學畢業時，小洛克菲勒早已褪去了剛進大學時帶有的質樸氣息，他曾經耳濡目染的宗教道德觀依舊根深蒂固，但卻也如同高聳的冰山那樣在春日暖陽下點滴融化，取而代之的，是更加符合掌握家族產業所需要的實用主義道德哲理。小洛克菲勒的人生發展道路，最終隨著年齡的增長、內心的成熟，而越發明確起來。

與此同時，父親老洛克菲勒正經歷著又一次沉重的疾病打擊，以至於他不得不選擇了退休。小洛克菲勒此前並沒有做好權力交接的準備，在他的靈魂深處，他更願意過普通畢業生那樣的生活，但他畢竟有著家族的傳承基因，看見父親略顯蹣跚的病軀，小洛克菲勒燃起了鬥志，他意識到，責任就擺在自己面前。

畢業後不久，有朋友在閒談中問小洛克菲勒，是否想過將來去做牧師，因為他的性格和學識，似乎更適合做這一行。但小洛克菲勒毫不猶豫地回答說：「不，我並沒有這樣想過。從幼年時，我就只有一個理想，那就是幫助我的父親。」

這段話，猶如錚錚誓言，時刻在小洛克菲勒心中響起。他將以畢生精力，實踐這一誓言。

折戟股市

一八九七年，小洛克菲勒走出了布滿常春藤的校園圍牆，迅速躋身商業戰場。他突然發現，幾乎是一夜之間，身邊出現的不再是隨意閒散、不問世事的學生，而是充滿成功欲望、不惜付出一切的冒險家。在這充滿個人英雄主義氣質的創業年代中，失敗者傾家蕩產，成功者一夜暴富，小洛克菲勒卻無法親身體會其中的不同，他遵從命運的安排，走進了百老匯街二十六號。

安排給他的，是一間不大的辦公室。辦公室裡除了一張折疊式辦公桌，一把軟皮面扶手椅，沒有什麼特別的設置。這間辦公室位於九樓，站在窗前，就能看到車水馬龍的百老匯大街。小洛克菲勒時常憑窗眺望，俯瞰紐約市的街景。和公司總部裡志得意滿的董事們不同，小洛克菲勒並沒有那種居高臨下的掌握感。相反地，他對自己的位置感到惶恐，有一次，他在辦公室裡對人說：「我從來沒有靠自己的能力獲取到什麼，這裡的祕書們，倒是具有我沒有的有利條件，他們還能夠表現出自己在商業上的價值呢。」在此時的小洛克菲勒看來，自己世界裡的每樣東西都是經過父親精確設計和提供的，他不需要去創造和改變，甚至無從拒絕。

這間辦公室，負責處理洛克菲勒家族的私人事務，上級主管是弗雷德里克•蓋茲牧師。蓋茲是家族的內務總管，他向來神情嚴肅、脾氣不佳，甚至有些喜怒無常。小洛克菲勒第一天上班，踏入辦公室不久，蓋茲就來看他：「歡迎您，小洛克菲勒先生。我知道，您是布朗大學的優秀畢業生，但對這裡的一切大概並不熟悉。我想您應該努力學習才對，這樣才不會辜負您父親老洛克菲勒先生的期望。」

小洛克菲勒看著牧師，牧師面色紅潤，目光嚴厲，看起來比大學裡最嚴格的老師還要像老師。小洛克菲勒恭敬地回答說：「蓋茲牧師，我時常聽父親談到您。他說您是他見過的最聰明、最有遠見的人之一。我相信，在您的指導下，我必定能夠學到很多東西。」

話雖如此，小洛克菲勒的內心卻一時無法明確，究竟如何與這位脾氣古怪的主管相處。但他知道，蓋茲是難得的良師益友，因此對蓋茲十分尊重。

很快，小洛克菲勒成為辦公室裡最安分守己的職員。他先是學會處理日常的例行事務，隨後跟隨蓋茲在全國出行，走訪分散在全國各個角落的家族企業，瞭解其運作情況，同時一路上還要聽蓋茲津津樂道地介紹企業的發展計畫和慈善事業。這番經歷，讓小洛克菲勒站到了比原先更高的位置，他終於懂得了洛克菲勒家的人如何做事，自己又如何能夠真正成為合格的管理成員。

面對發展得如火如荼的企業，小洛克菲勒開始急迫地想要證明個人能力。於是，他從父親那裡借來資本，和姐姐阿爾塔一起投資股市。姐弟開始都很謹慎，將雞蛋分在不同的籃子裡，一小筆一小筆地盈利，從來沒有大宗投入。或許是新手通常會比較走運，兩個人起初賺了不少錢，小洛克菲勒有些飄飄然，他告訴姐姐：「我真想放手一搏，賺上一大筆，這樣別人也就不會說『瞧那個小子，他能夠坐在那裡，只是因為他姓洛克菲勒而已』。你覺得如何，阿爾塔？」

這樣的機會很快出現了。在一次商務宴會上，小洛克菲勒遇見了大衛・拉馬爾。拉馬爾是職業的股票投資人，他能言善道、待人熱情，沒多久，就與小洛克菲勒熟悉起來。拉馬爾說，根據最新的內部消息，美國皮革公司股票將會走出一波強勢行情，小洛克菲勒完全可以介入。最後，他還不忘加上一句「心得」：「當然了，投資越大，風險也越大，所以那些小心謹慎的人確實不會虧，但他們一輩子也賺不到大錢。」

小洛克菲勒當然不願意做那樣的人，初出茅廬的他此時正渴望著一切機會，去證明自己的實力。既然在工作崗位上做不到，他就希望在資本市場裡實現夢想。在拉馬爾的參與下，他將能搜集到的美國皮革公司股票全部買入。

洛克菲勒家族的「皇儲」在大批吃進美國皮革公司的股票！這一消息很快經由交易所傳到了市場中，很快，這支股票價格果然猛漲起來。然而，小洛克菲勒不知道的是，拉馬爾正趁此機會，將手中原本套牢的股票迅速賣出。拉馬爾感謝自己的運氣：這批股票眼看要爛在手上時，居然碰到了有錢又年輕的小洛克菲勒，他的買進行為幫自己輕鬆解套，還讓自己賺了一大筆，拉馬爾非常高興。

沒過多久，美國皮革公司的股票回歸到原本價格。小洛克菲勒很快發現，自己在充滿詭譎的華爾街吃了大虧，他總共損失了上百萬美元。為此，他不得不向老洛克菲勒求助。父親聽完他的慘痛經歷之後，面無表情地看著他，既沒有責備，也沒有安慰，只是用他向來平靜的口吻說：「好吧，別著急，約翰，我會幫助你渡過難關的。」

憑藉這一輝煌「戰績」，拉馬爾在華爾街聲名鵲起。許多對洛克菲勒家抱有成見的人幸災樂禍，報紙上將小洛克菲勒的這次遭遇，稱為他接受華爾街的「剪毛洗禮」，甚至將他的損失誇大到兩千萬美元。

此類新聞報導甚囂塵上，讓小洛克菲勒非常難過。他終於體會到，父親這些年來不僅要面對激烈的商業競爭，還承受著各式各樣的輿論壓力。無論洛克菲勒家發生了什麼，盈利也好、虧損也罷，競爭也好、慈善也罷，都會被各方利益交錯影響下的新聞媒體和公眾輿論，解釋成臆想中的醜陋形態。

小洛克菲勒對商業前途失去了信心，他覺得，自己可能永遠都無法企及父親的高度。此時此刻，他只有轉而在宗教中尋找慰藉，教堂高聳的尖頂、管風琴渾厚低沉的詠唱，讓他感到內心的安寧。一九〇〇年，他成為第五街浸禮會讀經班的負責人，所有的讀經活動他從不遲到，總是在講壇上嚴肅虔誠地分享自己的宗教學習心得。然而，報紙對此依然嗤之以鼻，一篇社論尖刻地寫道：「他們既然世世代代把持國家錢袋，那麼，他們在宗教方面的高談闊論，也無非是為了從篤信宗教的虔誠信徒那撈到油水而已。」

幫助小洛克菲勒走出這段艱難歲月的，是他未來的終身伴侶艾比‧奧爾德里奇。從第一次認識到現在，兩人已經走過了四年的歲月。小洛克菲勒始終在考慮結婚的問題，或許，正是因為事業上的種種波折，才幫助他下定了求婚的決心。

艾比與小洛克菲勒門當戶對。她的父親納爾遜‧奧爾德里奇是百萬富翁，也是美國當時最有影響力的共和黨參議員之一。奧爾德里奇家雖然沒有洛克菲勒家那般富有，但也可謂是名門貴族，有著無可置疑的光榮歷史。老洛克菲勒看到兒子對艾比一見傾心，再加上背後的政商因素，自然對婚姻點頭認可。

一九〇一年，在和母親商量之後，小洛克菲勒專程來到艾比的老家普羅維登斯求婚，艾比欣然接受了。小洛克菲勒激動地立刻給母親寫信，彙報他的心情，並鄭重承諾：「我不會給您帶來比艾比更會使您喜愛、渴望和為之驕傲的兒媳了，她將在我十分驕傲、萬分驕傲地給予她的姓氏上，增添新的光彩和榮譽。」

這年十月份，盛況空前的婚禮在瓦立克舉行。婚禮前幾天，從紐約、華盛頓和新港以及其他城市開出的每艘輪船、每列火車上，都載有社會的名門貴族，來賓總數超過了一千人。

婚禮當天，小洛克菲勒夫婦分外精神，小洛克菲勒西裝筆挺、分外帥氣，艾比金色的頭髮在雪白婚紗的襯托下，顯得可愛迷人。婚禮後，這對小夫婦迅速甩掉了新聞記者的追蹤，在波坎蒂科的莊園中，與世隔絕地度過了蜜月。

蜜月結束後，他們回到老洛克菲勒家中，和父母同住，直到同一條街上的另一幢豪宅交付使用，才搬了過去。後來，艾比在這裡為洛克菲勒家生下了五男一女，正如她自己在回答朋友時所說，搬去這麼大一幢房屋，就是為了「塞滿」孩子。

不懼挑戰摩根

有了小家庭的溫暖與支持，小洛克菲勒很快忘記了事業初期盲目投資失敗的痛苦，艾比和陸續誕生的孩子們，為他的事業和生命注入了新的活力。身邊的同事發現，他每天都會神采奕奕地踏入辦公室，如同上足發條的鐘錶那樣充滿力量而精確地運行。

一九〇一年，小洛克菲勒迎來了事業初期的第一次重要戰役：梅薩山比鐵礦的爭奪。

在當時人看來，梅薩山比鐵礦並不具備多少利益，雖然它有著品質上乘的礦砂，但由於位置偏遠，將礦砂運送到匹茲堡鋼鐵地區的成本比較高，因此，遲遲沒有人看中這塊鐵礦。但蓋茲牧師的眼光是獨到的，他深入研究了梅薩山比，並確信及時投資這塊礦區，能在未來為家族帶來巨大收益。

老洛克菲勒讚許地同意了收購計畫，在礦區內，他開始大膽投資，小洛克菲勒則參與到其中的監督工作。他每天埋頭在報告和表格中，並定時和蓋茲一起出門考察。蓋茲就像他的事業導師那樣，既關心著他的成長，也對他嚴格要求。工作忙碌起來時，蓋茲便時常顧不得禮儀，像使喚實習生那樣喊道：「約翰，立刻幫我查查這個數字是怎麼回事？」小洛克菲勒卻珍惜如此寶貴的鍛鍊機會，樂在其中，毫無怨言。

功夫不負有心人。洛克菲勒家族的投資為梅薩山比鐵礦注入了新鮮血液，它的營運狀況一天天好起來。這引起了其他企業的注意，其中就有著名的金融和鋼鐵大亨約翰·皮爾龐特·摩根（J. P. Morgan）。

摩根和洛克菲勒性情迴異，又都是名噪一時的商業巨頭，因此總是存在著或明或暗的競爭關係。此時，摩根剛好買下了卡內基的鋼鐵廠，正四處尋找可以供貨的鐵礦，梅薩山比鐵礦成為他眼中最好的對象，如果能收購到手，就可以成全他霸占全美鋼鐵行業首位的夙願。

老摩根知道洛克菲勒家族在這片鐵礦上投入了心血，他找來中間人，試探性地和老洛克菲勒接觸。

老洛克菲勒未置可否，他找來蓋茲和小洛克菲勒商量：「你們覺得，摩根的提議怎麼樣？」隨後，他的目光盯住了兒子：「約翰，如果我將梅薩山比賣掉，你捨得嗎？」

小洛克菲勒發現，父親和往常一樣，端坐在老式的辦公桌後。以前，他每次來到這裡都感覺有些緊張，但今天的父親看上去慈祥可親。小洛克菲勒不再緊張，以同樣有力的目光看著父親說：「爸爸，這件事您說了算。不過，我覺得與其將鐵礦賣給他，不如租給他，讓他開採利用，我們保留產權。」他頓了頓補充說：「我覺得，讓老摩根這個狡猾的傢伙為我們開發鐵礦，效果更好。」

老洛克菲勒不動聲色地問蓋茲：「你覺得他的建議怎麼樣，蓋茲先生？」

「我覺得這是個好主意，洛克菲勒先生，但我們還可以再進一步討論它。」

當小洛克菲勒離開之後，老洛克菲勒的表情鬆弛下來，流露出喜悅的神情：「蓋茲，他跟你學得挺不錯，我看，他的確是洛克菲勒家的人。」

很快，與摩根的交涉，在小洛克菲勒和蓋茲所提供的建議方案上開始了。一輪輪談判之後，小洛克菲勒作為家族的代言人，會直接面對摩根。

此時，小洛克菲勒只有二十七歲，老摩根則早已成名。懸殊的年齡與資歷對比下，前者雖然年輕而有活力，但依然顯得有些經驗不足，老洛克菲勒顯然預料到了這一點，於是派出集團中名聲顯赫的亨利・羅傑斯陪同兒子前往。

會面當天，摩根穿著花格呢子西裝，繫上了圖案張揚的領帶。他的服飾毫不遮掩其心態，對眼前這個年輕人，他並不放在眼中。在必要的寒暄之後，摩根雙眉緊鎖，大鼻子聳動著，壓制住怒火和不屑問道：「好吧，直說吧，你打算要什麼價錢？」

小洛克菲勒早有準備，他知道摩根的脾氣張揚，對此並不在乎。他淡淡地說道：「摩根先生，我想這裡存在誤會。我到這裡來不是為了賣，而是您想要收購。」

摩根的表情凝固了一秒鐘，隨後靠在椅背上。他知道，小洛克菲勒已經不再是被華爾街剪羊毛的愣頭青了。

小洛克菲勒馬上提議說：「如果您真的有興趣購買鐵礦，我覺得您應該找一位可以在價格上提出公平建議的人。」

整場談判下來，小洛克菲勒始終保持著這種不失尊敬但又毫不讓步的態度，讓摩根的脾氣無從發作，為自己換來了優勢地位。最終，摩根沒有耐心再耗下去，他接受了小洛克菲勒的條件，交易順利達成。

當天，小洛克菲勒馬上將談判經過和結果寫成書信，向父母做了詳細匯報。

幾天之後，郵車將捷報帶到了波坎蒂科莊園。在晚餐桌上，老洛克菲勒鄭重其事地告訴全家人：「今天，我收到了約翰的信，我想給大家讀一讀。」於是，他一邊大聲讀信，一邊偷瞄著全家人的表情。當他模仿著小洛克菲勒的聲調，繪聲繪色地讀出如何對付摩根的話時，大家都為之感到興奮鼓舞。此後數年間，老洛克菲勒常將兒子在這次談判中沉著機智的表現，作為茶餘飯後的故事，向來訪的賓客宣講。每當故事發展到關鍵時刻，老洛克菲勒還會故意停下來，向聽眾們提問：「你們猜猜看，他說了什麼對付老摩根？」以至於妻子總是要提醒他，這故事，他已經說過許多遍了。

由於這次談判中的出色表現，小洛克菲勒的薪金被加到了一萬美元。老洛克菲勒喜歡用這樣的方式激勵下屬，對兒子更是如此。在小洛克菲勒少年的時候，每當他做了什麼出色的事情，總會得到一些零用錢。這次加薪，也完全證明了小洛克菲勒工作有多出色，為此，他還專門給父親寫了封熱情洋溢的感謝信。

經過這次對摩根挑戰的成功，小洛克菲勒在處理企業事務中的地位越發重要。父親將更多的擔子交給他，而他也總是能夠出色地完成。不久之後，他就成為掌管家族一切企業的二號人物，並被委派加入花旗銀行、美國鋼鐵公司、紐澤西標準石油公司、科羅拉多燃料與鐵礦公司、多家鐵路公司以及芝加哥大學的董事會。二十七歲的小洛克菲勒，已經成為美國十七家最大的金融和工業企業的董事。

一九〇二年夏天，一場大火將老洛克菲勒在波坎蒂科的溫特沃舊居夷為平地。小洛克菲勒成為家族新居建築的總指揮，按照父親的喜好和自己的原則，他讓新居突出了「不誇耀的豪華」這一特點。直到一九一三年，新居才正式完工。

在營建新家的同時，小洛克菲勒在事業上的表現越發成熟。當時，他已經是標準托拉斯的副董事長，擔任外出巡視和企業外交工作。當他向納爾遜・奧爾德里奇的參議院同事們解釋標準石油公司在石油工業方面的法律觀點時，政治家們看到一個嶄新的小洛克菲勒。

然而，老洛克菲勒那被新聞輿論所大肆渲染的不光彩發家史，如同噩夢一般始終籠罩在小洛克菲勒身上，無論他做怎樣有益於社會的慈善事業，總是會被人將兩者聯繫在一起。他終於明白，想要實現自己的人生追求，就必須放棄與標準石油托拉斯的所有聯繫。他找到父親，談了自己的想法，此時已是遲暮之年的老洛克菲勒平靜地聽完，依然不動聲色，淡淡地說道：「約翰，是上帝派你來繼承家業的。你只要完成上帝賦予你的使命，知道做什麼和不做什麼就行了。但你要記住，不論你選擇怎樣的道路，我都會支援你。」

小洛克菲勒非常感激父親的支持和理解，他做出了抉擇：全心投入慈善事業，從此退出企業經營的舞臺。

基金會名垂青史

早在一九〇一年，老洛克菲勒就感到自己需要創辦一個基金會，其規模應該超過之前創立的任何組織。他的親信蓋茲，也在一九〇六年六月提出類似建議：「您的財產正在像雪球那樣越滾越大，您散發它的速度必須超過它增長的速度，否則，它會將您和子孫後代都壓垮的。」為此，蓋茲提出的解決方案，是運用財富建立一批能夠為全世界謀取永久幸福的企業化慈善機構，透過它們，將家族財產投向教育、科學、藝術、宗教、農業乃至社會治理上。

實際上，建立慈善基金的想法，並不是洛氏的發明。早在美國建國初期，班傑明·佛蘭克林和後來的富豪們都曾建立過這種基金。洛克菲勒家所要努力的，是創建一個前所未有的基金會。一九〇六年，已經從企業董事會徹底離開的小洛克菲勒參與到一個女工權益的基金組織活動中，他非常推崇類似的組織，並竭誠建議父親創立三個基金會：一個支持在海外傳播基督教文化，一個支持在國內開展相同工作，另外一個則專門為芝加哥大學、普及教育委員會和洛克菲勒已有的醫學研究所提供資金。在他提出的建議內，這些基金會的規模都相對較小，理事會成員也只是由家族成員和親近人士擔任。但老洛克菲勒要求兒子拿出新的管理方式，開創新的基金會運行體系。

經過小洛克菲勒的精心組織，基金會的成立得到政商兩界不少人的支持。一九〇九年六月二十九日，洛克菲勒簽字，將價值五千萬美元的紐澤西標準石油公司股份，委託給小洛克菲勒、蓋茲和哈樂德．麥考密克，這是向計畫中的基金會首批捐贈的款項。當時，正值標準石油公司為反托拉斯法案向最高法院提交上訴辯護狀，兩件事同時放在新聞媒體上，為公眾們塑造出完全矛盾的洛克菲勒家族形象。

在申請執照的過程中，小洛克菲勒要求獲得範圍廣泛且沒有時限的執照，從而取得更充分的靈活性。老洛克菲勒也同意這樣的做法，他年紀日漸增長，不希望未來基金會在運行時會受到種種契約限制。為此，蓋茲為基金會制訂了並不明確的使命口號：為全人類謀福利。

令人沒有想到的是，公眾輿論中的一些人，立刻抨擊這種模糊的口號，認定洛克菲勒家族只是為了利用基金會達到不可告人的經濟目的。為了防止這種說法影響到基金會的成立，小洛克菲勒在岳父奧爾德里奇參議員的帶領下，從邊門出入，祕密訪問了白宮內的主人塔夫脫總統。在他們共進午餐時，總統表示，基金會的執照即使可以順利頒發，估計也只能到反托拉斯案結束之後了。

為了安撫輿論，洛克菲勒陣營此時做了一些重大讓步。例如，將新基金會的總部設立在首都、國會能夠在任何時候限制基金會的資金流向，洛克菲勒一方甚至提出可以賦予美國總統、最高法院首席法官、兩院議長等人直接否決理事會人事任免的權力。

儘管如此，基金會提案依然命運坎坷。尤其在參議院，提案被反覆擱置，一直拖了三年。在此過程中，議員們開始和洛克菲勒家族談起條件，紛紛要求基金會將資金投給他們的選區，才能保證支持。老洛克菲勒對此相當氣憤，一九一一年十一月，他建議兒子轉而申請一級執照。很快，小洛克菲勒也失去了信心。一九一三年，他轉而向紐約州提出執照申請。由於該州在兩年前批准了捐贈總額為一·二五億元的卡內基基金會，所以這次，洛克菲勒的基金會幾乎沒有遇到什麼反對意見，就被順利批准了。

洛克菲勒基金會成立的過程漫長而複雜，同時小洛克菲勒的導師蓋茲也逐步退出了企業。為企業工作了二十年後，這位曾經一貧如洗的明尼蘇達牧師選擇了退隱，回家與妻子和七個孩子經營一座占地一千英畝的農場，同時擔任著洛克菲勒的公司及基金會的理事職務。

一九一三年五月十九日，洛克菲勒基金會在百老匯二十六號召開了第一次會議，小洛克菲勒順利當選為基金會主席。雖然他邀請了父親出席會議，但如他所想的那樣，父親拒絕了邀請。洛克菲勒當了基金會十年的掛名理事，從不願意參加會議，而是置身事外般對這個慈善機構進行遙控，他只握有否決權，將更多權力交給了兒子。

洛克菲勒基金會並不是什麼公共信託基金組織，而是受到嚴密管理的企業化運作組織。其管理體制縝密穩定，對洛克菲勒慈善機構的管理方式，如同控制多家分公司的母公司。在理事名單中，洛克菲勒父子來自於家族，有三名是公司的職員，另外四名則來自於基金會下屬的其他慈善機構。

由於洛克菲勒家保留著基金會年收入的分配權，其所謂的獨立性也無從談起，洛克菲勒指定的捐贈，占了所有捐款的三分之一左右，重點向他所偏愛的專案提供資金。

由於不斷引起公眾譴責，洛克菲勒父子心有餘悸，他們慎重地決定，不向任何可能引起爭議的專案提供捐款。例如，他們始終避開人文、社會科學和藝術領域，原因在於這些領域總是充滿主觀和情感因素，包含太多政治風險。

在成立之後的第一個十年裡，小洛克菲勒領導著基金會，將主要工作精力放在國內外的公共衛生和醫療教育上。一九一三年六月，基金會理事會決定繼續洛克菲勒衛生委員會的防治鉤蟲病工作，並在全世界推廣，這場運動很快推廣到全球其他國家，治癒了數百萬人。

後來，洛克菲勒基金會還致力於消滅瘧疾、結核病、傷寒、猩紅熱和其他疾病。其中被人銘記的，是他們戰勝了曾經被稱為「西半球死神」的黃熱病。基金會資助科學家們著手研製這種傳染病的疫苗，一九三七年，在付出六名研究人員寶貴生命的代價之後，這種疫苗終於問世了。上百萬支的疫苗，被運輸到世界各地，並在二戰中挽救了許多美國士兵的生命。

在消滅疾病的鬥爭中，小洛克菲勒也時常考慮重要的問題，即傳染病如果由於當地社會治理水準差而再度爆發，該怎麼做？他很快想到，確保成果的最好方法，就是幫助落後的國家和地區的政府，建立公共衛生機構。

為此，基金會向約翰・霍普金斯大學捐贈了六百萬美元，用於建設一所衛生和公共保健學院。

這座學院在一九一八年成立，專門培養衛生工程學、流行病學和生物統計學方面的科學專業工作者。一九二一年，哈佛大學也得到了數目相同的捐贈資金，用來開辦一所公共衛生學院。此後，從印度的加爾各答到丹麥的哥本哈根，基金會總共花費二千五百萬美元，在當地興建了許多類似的學校。

到二十世紀二〇年代，在小洛克菲勒的直接領導下，洛克菲勒基金會成為全世界最大的慈善機構，也是美國醫學研究、教育和公共衛生的主要贊助者。老洛克菲勒憑此成為歷史上向醫學界捐助最多的業外人士，他一生總共直接或間接捐助醫學界四・五億美元。考慮到他的父親曾經扮演過兜售萬靈藥的不光彩角色，洛克菲勒在某種意義上為醫學和慈善業掀起了新的革命。在他們之前，富人們通常只是資助自己的興趣愛好，例如歌劇院、美術館或者學校，抑或饋贈房產給社會組織，從而顯示個人愛好慈善、品行高尚。但洛克菲勒家族對醫學的投入，卻更多著眼於知識與技術的革新，從歷史的觀點來看，其影響力必然更加廣泛，無論在當時或現在，其意義也顯然超越了他們的姓氏與財富本身。

科羅拉多噩夢

在小洛克菲勒一心投入基金會成立與運作的同時，他依然擔任著一家小公司的董事。那是位於科羅拉多的一家煤礦企業，名字叫科羅拉多燃料和鋼鐵公司。

在小洛克菲勒剛進入這家公司的投資人行列時，他還只是持有部分股份而已。當手中現金迅速膨脹，他很快擴大了股份占比。即便如此，在家族龐大的企業事業群中，這家公司依然不過是無名小卒。然而，小洛克菲勒禁不起他人勸說，又鼓動老洛克菲勒繼續追加投資。在蓋茲的計畫和建議下，第一次投資額就高達六百萬美元，隨後又追加到二千萬美元，就這樣，洛克菲勒家族主導了這家企業。但日後，小洛克菲勒很可能會為此後悔不已。

考慮到如此投資沒有換來令人滿意的利潤，蓋茲向小洛克菲勒推薦了蒙特・鮑爾斯。鮑爾斯此時已經有六十歲了，他精明幹練且目光犀利，曾經在梅薩山比鐵礦的經營中發揮了重要作用。

一九〇七年，鮑爾斯開始接手管理科羅拉多的這家公司。他秉承了一貫的作風，只給礦工很少的薪資，而且不發放現金，只發放所謂的代價券。這些代價券只能在公司自辦的商店中使用，用以兌換必要的生活用品和食物。在礦區周圍，全部是低矮的棚戶區，許多礦工一家人只能擠在簡陋的屋子中，遇到冬天和下雨，更是難以度日。即便是這樣的屋子，只要公司發出通知，住戶就必須在三天內搬離。

為了牢固控制工人們的思想，公司圖書館裡所有的書都經過了審查和挑選，教堂裡的牧師也很少講富人應該如何慈悲，而是千篇一律地傳遞如何受苦和忍耐的道理。此外，公司每年花費二萬美元，雇用密探並收買工人中的奸細，確保公司內部不沾染工會主義的思想。相對地，公司卻從來不投入資金去改善勞動和生活條件，也不為工人提供必要的醫療條件。

在當地，這家企業的規模最大，小鎮上所有的行政和司法長官幾乎都對鮑爾斯唯命是從。鮑爾斯更加肆無忌憚，在他的礦井中，連最起碼的安全措施都沒有，經常發生因傷致死致殘的礦工和他們的家屬，在得不到任何救濟的情況下，就被公司的人從棚屋中驅趕出來的景象，十分淒慘。

隨著時間的推移，不滿情緒四處蔓延。工人們私下成立了工人聯合會，發洩對公司領導層的不滿。對此，鮑爾斯不屑一顧，他聲稱是公司給工人們提供了工作機會、住房和商品，他們這些窮鬼才沒有四處流浪。他甚至直接將工會的組織者稱為煽動分子、無政府主義者，認為他們應該對所有的衝突負責。

當蓋茲知道這件事以後，也全力支援鮑爾斯的鐵腕政策，他不遺餘力地表示支持，甚至將之看作《聖經・啟示錄》中的善惡戰爭。

一九一三年九月，在礦區小鎮勒德諾，爆發了這裡有史以來最大的罷工，總共有九千多名工人參加，涉及當地二十多家企業。

鮑爾斯雇用了一批密探充當打手，專門對付罷工隊伍。工會看到這些人佩戴著先進的槍械，立刻進行準備，將附近百貨商店的槍支彈藥全部採購一空。

一九一三年十月十七日，在罷工工人和家屬所住的帳篷區內，還在沉睡的人們被轟鳴的馬達聲吵醒，隨即是一陣密集的機槍聲。當人們衝出各自的帳篷，只看見兩輛裝甲車消失在晨霧中，地上則是倒在血泊中的幾名工人。

礦工們憤起還擊，騷亂不可避免地蔓延開來。兩週後，科羅拉多州州長發動了國民警衛隊前來維持秩序。四月二十日，美國勞工鬥爭歷史上血腥的一幕發生了：一支據守在俯瞰帳篷區高地上的國民警衛隊，朝帳篷區開槍。這一天，工人死亡了四十人，傷者不計其數，他們不得不退入事先挖好的地窖中。第二天，人們又發現，在地窖中有十一名孩子和二名婦女因為窒息而死。

消息傳開，群情激憤。所有罷工工人在以勒德諾為圓心、半徑二百五十英里的範圍內奪取城鎮，襲擊國民警衛隊。最後，威爾遜總統只得命令聯邦軍隊開入該地區，從而結束這場可能變成戰爭的衝突。

總統介入之下，事情出現轉機。眾議院成立了礦井和採礦小組委員會，並召開有關局勢的意見聽證會。小洛克菲勒被召往作證。小組委員會馬丁・福斯特問道：「你就不應該稍微注意一下發生在科羅拉多的流血罷工？你們在那裡有幾千名雇員，而你對他們的利益似乎不夠關心。」小洛克菲勒只能顧左右而言他：「我們聘用的是我們能找到的最得力的人，我們相信他們做的決定。」

當馬丁進一步追問時，小洛克菲勒的情緒穩定下來，搬出了父親和蓋茲所提出的應答原則。他說，工人們的勞動條件問題，不是地區性的問題，而是全國性的問題，為了維護工人利益，必須保證礦區不能受任何限制，包括工會的限制，因此，他還是會不惜一切代價支持辦事處的管理。

老洛克菲勒對兒子的立場感到滿意。但小洛克菲勒的回答，讓新聞界找到了口實。所有自由主義的報紙，都一致對他表示譴責，對勞工表示同情。小洛克菲勒終於發現，父親舊時代的那種強硬原則，在這新時代已經無法穩定立足了。於是，他終於開始物色新的顧問，聽取他們的建議。很快，艾維・李和麥肯齊・金，兩位自由主義派別的政治家被他招入麾下，他們幫助他提出了解決方案。在去科羅拉多考察之後，他們建議小洛克菲勒將在科羅拉多燃料和鋼鐵公司的股份全部撤出來，並在那裡張貼布告牌，宣布公司願意聽取工人的申訴和建議。小洛克菲勒感到這一措施不僅能有效扭轉局勢，還可以讓工會處於下風。

一九一五年一月，小洛克菲勒要求鮑爾斯辭職，隨即將所有責任推到當地管理部門的身上。不久，他在勞資關係委員會的聽證會上宣布，在科羅拉多發生的所有事情，管理部門都沒有徵求他的意見，因此他並不瞭解情況。

這年九月，小洛克菲勒親自去礦上巡視，時間長達兩週之久。在那裡，他聽取工人的申訴，調查他們的生活情況和勞動條件，還在勞資會議之後邀請礦工的妻子們跳舞。這些親善舉動，贏得了礦工的好評。

礦工們原諒了他們曾經痛恨無比的小洛克菲勒先生。當巡視結束後，他們的投票結果顯示，絕大多數人都接受了他的計畫。小洛克菲勒成功地平息了風波。

科羅拉多確實是整個家族不得不面對的噩夢，但這裡也是小洛克菲勒人生的轉捩點。從此之後，他不再被父親和蓋茲的思想所左右，而是有了自己關於民主和新時代的看法。有些年紀大的富豪，對此頗為不滿，還有人當著小洛克菲勒的面諷刺地說：「你可真是個見風使舵的好手。」小洛克菲勒機智地回答說：「朋友，想要讓船跑得更快，只有讓它跟著風轉。」

他的話沒有錯。一戰之後，石油行業越來越受到重視，在新時代社會成長的人，對這個家族究竟如何拿到第一桶金已經不太感興趣了，他們被小洛克菲勒的慈善情懷、民主手段所吸引，小洛克菲勒也逐漸被吸引到更廣泛的社會事物中。他成為總統競選運動的捐助人，成為企業界的民意代表和公民團體首腦。老洛克菲勒看到了這一點，從一九一七年到一九二一年，他將財產和證券分批轉移給兒子，按照當時的市場價值計算，這些財產在四億美元以上。一九二三年，小洛克菲勒做主的時代開始了。

入主大通銀行

對小洛克菲勒而言，花費財富從事公益事業，的確是重要的社會活動。但他也從來沒有忘記擴充家族天文數字般的財富，這也讓他的五個兒子在日後接過事業火炬時，擁有了強大的財富基礎。

早在小洛克菲勒能夠自己控制巨額家產之前，他就試圖勸說父親相信貸款和信託公司，以便適應新時代理財潮流的需要。然而，老約翰與同時代許多企業家（例如亨利・福特）一樣，對以摩根為代表的銀行家們非常厭惡，他看過太多圈套下的家破人亡，因此寧願將財富死死地存在銀行中。

然而，家族和財團中的許多人都贊同小洛克菲勒的觀點，認為金融是現代商業的靈魂，其中就包括他的岳父奧爾德里奇。奧爾德里奇是國會中金融集團的代言人，他推動了一九一三年聯邦儲備制度的建立，確立了金融家與政府之間的合作關係。在他們的影響下，老父親終於被說服，家族買進了公平信託公司的控制股價，並使得這家公司迅速擴張。到一九二〇年，這家公司已擁有二・五四億美元的存款，成為全國第八大銀行。

一九二九年，在一系列的「巧取豪奪」之下，公平信託公司併購了十四家較小的銀行和信託公司，成為全國實力最強大的銀行之一，在國外也開設了許多分行。

正當公平信託公司日益強大時，總經理切利斯・奧斯丁於一九二九年十二月突然去世。為了穩定公司的發展，小洛克菲勒邀請內兄文斯洛普・奧爾德里奇出任該公司的領導者。

文斯洛普・奧爾德里奇擔任新職之後，認定只有採取和較大機構合併的方式，才能更好地獲得發展。圍繞這一建議，小洛克菲勒和幕僚們多次祕密商議，經過比較多種方案，他們將目光投向了大通銀行。一九三〇年，他向大通銀行提出收購合併的建議。此時的大通銀行，經歷了二十多年的發展，在亞伯特・威金的領導下，擁有了強大的高智商董事會，其中最著名的人物包括伯利恆鋼鐵公司創始人查理斯・施瓦布、通用汽車公司的艾爾弗雷德・斯隆等。威金本人除了擔任大通銀行董事，還在其他五十家公司擔任董事，利用這一人脈關係，他提出每家公司都必須在大通銀行存款，以作為他擔任董事的條件。另外，大通銀行在拉丁美洲國家尤其是古巴，也成為舉足輕重的金融力量。正式的合併協議很快達成，新機構的高級職員與董事選舉威金為董事長，由文斯洛普・奧爾德里奇擔任總經理，這也是公平信託公司在大通銀行所取得的唯一高管職務。從資產上看，大通銀行此時具有雄厚實力，它擁有五十家國內分行、十家國際分支機構，這還不包括其子公司美國捷運公司以及其旗下的三十四家國內辦事處和六十六家國外辦事處。

威金在一九三三年退休，文斯洛普・奧爾德里奇成為大通銀行的代言人。他連續來到華盛頓，多次在國會進行演講，努力將大通銀行與總統處理危機的決策相配合。在這些演講中，文斯洛普・

奧爾德里奇表現出講究實用主義的精神，也展現出對輿論的敏感性，於是他成為政府眼中支持銀行的重要人物。雖然在銀行界，同行們認為他是典型的叛逆人物，但洛克菲勒家族確實看到了銀行傳統制度的艱難處境，只有進行改革，才是唯一的出路。

文斯洛普・奧爾德里奇的表態內容，包括公開支援投資業務和商業銀行業務的分割，這一建議被認為是針對摩根財團所做出的。老摩根之前的業務經營方式，是將美國鋼鐵公司、奇異公司和其他許多巨大的聯合企業拉到一起，加以控制。實際上，銀行改革的趨勢已箭在弦上，文斯洛普・奧爾德里奇提出這種建議，更主要的目的在於迎合政府的改革決心，並確保改革不會有損於洛克菲勒家族和大通銀行的利益。由於大通銀行的實力主要集中在其商業業務上，分割兩大業務對其沒有什麼損害，反而會增加其社會聲望與影響力。

一九三三年，參議院的銀行和通貨委員會對金融界情況進行調查。小洛克菲勒感到，政府正在為銀行改革尋找獵物。於是，他讓亞伯特・威金退出銀行。威金和花旗銀行的負責人查理斯・米契爾一樣，曾經在金融繁榮的黃金年代，進行過大宗的股票市場投機買賣，所需款項則透過大通銀行附屬的證券公司進行挪借。然而，這種在當時被普遍接受的行為，此時受到了嚴格的審查。聽證會結束時，威金雖然沒有受到什麼實際損失，但其往日名聲和影響力已經不復存在。

很快，文斯洛普・奧爾德里奇接替威金出任大通銀行的新董事長，小洛克菲勒就這樣控制了世界上最大的銀行，並公開站在支持銀行改革的一方。

第七章

大戰略之路

（一九二三—一九三九年）

海外石油遠征軍

一戰結束後的十年之內，全世界的政治格局和對抗力量發生新的變化。洛克菲勒父子開始更多地關注海外形勢，展開了對全球石油市場的征戰。

不過，親自奔赴前線並不是洛克菲勒家族解決問題的方式，他們更喜歡坐在辦公桌後，聽取智囊的建議，然後委派適當人選去擔任前敵指揮。這次，小洛克菲勒選擇的是沃爾特・蒂格爾。

年輕時，蒂格爾就被洛克菲勒家所吸引，並加入了標準石油。一九一一年公司解散之後，作為少壯派的蒂格爾迎來事業的春天，成為紐澤西標準石油公司的董事之一，在這裡，他苦心經營，發揮越來越大的影響力，並成為公司總經理。

蒂格爾在海外打響的第一槍，位於正在瓦解的鄂圖曼土耳其帝國。戰前，這裡的石油主宰企業，是土耳其石油公司。最初，它由英德兩國投資組成，兩國達成協議：英國的英博辛迪加控制五〇%的股份，德意志銀行和殼牌公司各占二五%。一個名叫古爾班坎的亞美尼亞人，是這家土耳其石油公司內代表土耳其國家銀行的股東。

戰後，隨著德國勢力退出土耳其，英國和法國開始瓜分土耳其石油公司這一戰利品。一九二〇年十二月，在同土耳其的合約會議上，英國人將原來屬於德國的股份給了法國，華盛頓方面對此非常不滿。一九二二年，英國同意將土耳其石油公司二〇%的份額轉讓給美國。

這次轉讓的意義重大。一九二七年，原屬鄂圖曼帝國影響範圍內的伊拉克發現了巨大的石油儲量。蒂格爾團結國內所有能團結的石油企業，終於說服美國政府，幫助他們打開了通向中東的大門。

經過艱苦的談判、不斷的請示，蒂格爾終於在一九二八年獲得了成功。在最後的協議中，殼牌公司、英博公司、法國石油公司和美國近東發展公司，各得到伊拉克二三·七五%的石油。蒂格爾和小洛克菲勒以及其他美國石油企業大軍，終於獲得了這裡豐富的石油資源。

下一個目標，就是遙遠的蘇聯。在中東的首戰告捷，讓小洛克菲勒對海外石油市場充滿期待。然而，蘇聯人並不好對付。

在俄國，諾貝爾家族的幾代人都在巴庫油田獲得巨額收益。十月革命之後，諾貝爾家族逃出蘇俄流亡法國，為了不至於損失全部家產，他們決定減價出售自己的商業王國。

抓住這個機會，蒂格爾找到諾貝爾家族，表示願意購買他們的巴庫油田。雖然這次購買有風險，但小洛克菲勒願意試一試。在老洛克菲勒時代，俄國石油從沒有美國企業的份，正因如此，標準石油才沒有機會占領歐洲市場。而如今正處於革命之後的時間節點上，誰又願意錯過如此良好的機會？

一九二〇年七月，標準石油公司以六百五十萬美元和承諾隨後再付的七百五十萬美元，買下了諾貝爾家族在蘇俄的一半油田的控制權。交易雙方都知道，這只是紙面上的生意，因為蘇維埃政府已經占領了巴庫，將油田收歸國有。小洛克菲勒一反之前的謹慎態度，做出了事業生涯的冒險投資。

事情並沒有像小洛克菲勒希望的那樣發展。蘇維埃政府在收回油田後，為了緩和國內的緊張狀況，開始加緊生產石油並減價出售。這對標準石油企業造成了很大損害。

蒂格爾為此相當懊悔，但小洛克菲勒比他鎮靜。他安慰蒂格爾說，不用垂頭喪氣，新的機會必然能出現。

果然，不久之後，小洛克菲勒獲得了機會。殼牌公司建議，如果雙方聯合起來，就能夠基本控制蘇俄出口的石油，這樣不僅可以減輕競爭威脅，也能從中獲得收益。

蒂格爾有些不情願地接受了上司的決定。一九二四年，紐澤西標準石油和殼牌終於成立了聯合採購機構，開始和蘇聯人進行交易。

在蘇俄冒險投資的失敗，讓蒂格爾耿耿於懷。但是，在南美洲的委內瑞拉，他卻是獲得了新的市場。

戰後，石油巨頭們尋找石油資源的觸角，延伸到委內瑞拉。殼牌公司首先在馬拉凱博湖附近開發出小型油田，隨後，標準石油立刻趕來，雖然缺乏足夠的勘探結果作為證據，但蒂格爾相信，殼牌不會在委內瑞拉白白花錢，他通過各種管道，找到委內瑞拉的統治者戈麥斯將軍，以行賄獲得了相當多的土地，其中還包括馬拉凱博湖底下的四千二百英畝土地。

消息傳來，標準石油公司內部反響不一。很多資深下屬抱怨這一決定過於草率，甚至有經理人找到小洛克菲勒說：「我看蒂格爾最好還能替我們在馬拉凱博湖買一批漁船，這樣鑽不到油的話，我們也許還能撈點活魚嘗嘗。」小洛克菲勒並不制止他們的不滿，但公司做出的決定不容更改。

在委內瑞拉的鑽探開採工作確實非常辛苦。這裡沒有能通行汽車的大路，即便通牛車的路也很少見。工作人員只能坐獨木舟或者騎騾子，在野外環境中忍受著疾病、蚊子和各種昆蟲的襲擊。從公司角度來看，委內瑞拉的開發成本非常高，小洛克菲勒經常對著下屬提交的資料哭笑不得，有人在報告裡預言說，在美國開發油頁岩的成本，都會低於在委內瑞拉開發石油資源。

現實並沒有朝向這類預言發展，一九二二年底，殼牌公司在委內瑞拉發現了拉羅莎油田，全世界石油公司全都來到了這個地域狹小的國家。然而，紐澤西標準石油公司依舊不走運，大批投資之下，勘探還是沒有成果。蒂格爾此時再次發揮權威，他大膽追加投資，深入到馬拉凱博湖底進行鑽探。這一決策讓許多人嘲笑不已，人們都說，蒂格爾真的轉行開始打魚了。然而，事實不久就狠狠回擊了這些人，紐澤西標準石油公司找到了湖底的富礦，這些年的努力終於沒有白費。

在不斷爭奪全球石油資源的同時，小洛克菲勒感到另一種危險的接近，那就是生產規模不斷擴大帶來的石油產品過剩。他試圖解決這個危險，並授意蒂格爾出面，與全世界其他石油企業巨頭，在蘇格蘭高地的一個古堡內舉行會議。

選擇古堡這一地點，正是為了避人耳目。據說，蒂格爾到達倫敦之後，有記者將電話打到酒店的住房內，想要探聽下落。恰巧是他親自接的電話，他茫然不知所措地回答說：「蒂格爾？這裡根本沒有這個人。」

在隨後的兩週左右的時間內，巨頭們簽訂了「古堡協定」，將整個世界的石油市場看作國際卡特爾，並進行了瓜分。協議中有種種限制，顯然是為了維護參加者各自的利益，但小洛克菲勒為其設計了冠冕堂皇的旗號：保護地球資源、防止浪費。結果，事情很快發生了有趣的變化，唯利是圖的資本家和最早的環保主義者走到一起，在小洛克菲勒的口號下，進行了奇特的合作。

當洛克菲勒來到中國

一八六三年，老約翰・洛克菲勒向中國賣出了第一批煤油，並為美國人在中國的傳教活動捐了款。那年，他剛二十四歲。他自然做夢都難以想像，自己未來的石油公司和基金會，將會於某一天成為美國在中國的文化和商業形象。

實際上，直到十九世紀七〇年代末，向中國銷售的煤油，依然只是洛克菲勒家族生意裡較小的部分。那時，國際貿易主要由紐約標準石油公司經營。到十九世紀八〇年代，洛克菲勒看清了中國市場的重要性，專門派出職員威廉・利比在美國副領事的協助下訪問了中國。威廉回來後，建議擴大標準石油在中國的業務，以便於對抗荷蘭、英國和俄國石油公司在中國乃至亞洲日益增加的實力。

由此開始，標準石油這個名字正式出現在中國，而其最初的形象，與煤油燈緊密聯繫在一起。在他的自傳中，洛克菲勒如此寫道：「在很多國家，我們不得不教給人們——比如中國人——燒油，透過我們贈送給他們的燃油燈。」

可以想像，在當時的中國，居民們並不習慣使用國外的煤油燈，甚至連免費的也不稀罕。為了促銷這種非常便宜的燈具，標準石油公司專門印刷了中文小冊子和傳單來吸引關注。

隨著宣傳範圍和力度的加大，標準石油公司成為二十世紀前半葉在中國最大最成功的美國企業。在中國，到處都能看見其提供的煤油燈，這種燈被當時的中國居民稱為「美孚燈」。

相比父親，小洛克菲勒更早地接觸中國文化。他在十幾歲時，就定期向紐約一家華人主日學校繳納什一稅作為捐款，而在他經常去的第五大道浸禮會教堂中，有一個活躍的聖經學校，在一八八二年就有了四十位中國人，其中有十二人被接受為教堂的成員。當他進入布朗大學後，也加入了基督教青年會，並瞭解到青年會在中國的活動。

時間進入二十世紀，隨著美國政府政策的改變，小洛克菲勒開始建議父親加大對中國教育領域的資助，而不是傳教。起初，老洛克菲勒並沒有立刻產生熱情，他的兒子用好幾封信才說服他，將對中國的投資和建立基金會的計劃加以聯繫。

一九一四年一月，小洛克菲勒親自主持了洛克菲勒基金會關於中國的第一次會議，參加這次兩天會議的既有哈佛大學和芝加哥大學的校長，也有從中國歸來的傳教士，還有對外政策專家。與會者們提出，當時的民國政府或許與清政府不同，會支持洛克菲勒的事業。小洛克菲勒對此很感興趣，他追問說：「你們的意思是，中國政府會和我們的計畫合作？那麼，是要一個由許多教會學校組成的大學，還是要一個完全中國的大學更好呢……教職人員應該都是外國人嗎？」

最終，會議決定將現代醫學知識引入急需知識啟蒙的中國，而不是建立一所綜合大學去與中國大學競爭。一九一四年，委員會發表了題為《醫學在中國》的調查報告，至今，歷史學界依然將這份報告看作國際上對當時中國醫學情況的最佳評估。一九一五年，委員會確定建議洛克菲勒基金會在北京和上海建立醫學中心，基金會很快對此加以批准。

具體的建設工作迅速開展，小洛克菲勒作為基金會主席，密切參與了有關專案的決策。從挑選上海和北京的地產，到放棄上海專案，再到選擇建築師和批准建築費用，以及挑選第一任北京協和醫學院校長的決定，他都具體地加以過問。

為了確保建設順利進行，小洛克菲勒派出文森特作為代表，在一九一九年對中國進行了三個月的考察，考察內容包括教會、醫院，籌畫北京協和醫學院招聘教職員工和設置課程的工作，並連續檢查北京協和醫學院的建造進程。這是一所在當時規模相當龐大的學院，總共有五十七棟建築物。

一九二一年，小洛克菲勒決定親自出席北京協和醫學院的揭幕儀式，同去的還有他的妻子和女兒。值得一提的是，妻子艾比是中國和亞洲藝術的熱愛者，一九〇八年，艾比送給丈夫一本介紹中國瓷器的著作，這本書為小洛克菲勒打開了瞭解中國傳統藝術文化的大門。此後，他顯然產生了對中國瓷器的狂熱之情，很快，他在百老匯二十六號的辦公室裡放置了一大批永久陳列的明清瓷器。終其一生，小洛克菲勒無所顧忌花錢的私人消費，也只發生在該領域的收藏行為上。

小洛克菲勒一家對中國的訪問，自然由中國標準石油公司安排。他努力在行程中多和公司員工見面、交流。在蘇州，標準石油公司的當地代表，花了幾天時間，計畫了洛克菲勒一家幾小時的大運河之旅，還安排他們對城市商業區做實地考察。在北京，他們下榻在傳統的中國庭院宅邸內，受到了商界領袖、外交家、傳教士和政治家的接待。在廣州，小洛克菲勒全家則與孫中山先生和夫人共進晚餐。

但洛克菲勒一家人的訪問並沒有只停留在中國的上層社會。他們參觀了北京的明十三陵和長城，還在一家中國客棧留宿，還會為中國民眾著迷。與許多同時期外國人對中國的看法不同，洛克菲勒在給兒子納爾遜的家信中寫道：「我們發現，中國人總是引起人的興趣，那麼多人，那麼不同，雖然不像日本人那樣雅致，卻也很好看。」他的妻子艾比則在信中詳細說明自己受到的熱情接待：「我們在這裡如此忙於招待和被招待，以至於一有時間我們就疲勞睡去。我發現，北京是我去過的最有意思的城市之一，我熱愛這裡的人，他們那麼友好而善良。」當然，她沒有忘記在信中提醒兒子：「總有一天，你會有機會與這裡的人合作。像你爸爸一樣，你將承擔巨大的責任，也將擁有真實的機會。我相信你會和我一樣，喜歡這兒的一切。」

小洛克菲勒在北京並非只是度假，他大部分時間都用來對北京協和醫學院進行全面考察，並主持與其營運有關的會議。經過許多會議之後，北京協和醫學院成為洛克菲勒基金會的重要受益者，僅次於洛克菲勒大學和芝加哥大學。

印第安那之爭

到二十世紀二〇年代末，小洛克菲勒已透過全球範圍內的商業競爭和公益事業，取得了無可置疑的成就。然而，他也為此付出了健康的代價。經常性緊張工作讓他罹患了偏頭痛，儘管妻子艾比為他請來了許多著名的醫生，但這一頑疾還是沒有被治好。

與此同時，老洛克菲勒當年重用的人們，或者選擇退休，或者已經離世，接替他們的第二代領袖，隨著時間的推移，與洛克菲勒家族逐漸疏遠，甚至有些人趁小洛克菲勒身體有恙伺機而動。在這一背景下，發生了小洛克菲勒事業生涯中一次少見的權力鬥爭：印第安那之爭。

事情由印第安那標準石油公司的總經理羅伯特・斯圖爾特發起。他曾經是美國羅斯福義勇騎兵團的騎兵，後來成為律師，並一路升遷成為公司頂層。他獨斷專行且蠻橫好勇，在他的領導下，印第安那標準石油公司不斷擴大，成為二十世紀二〇年代全美最大的汽油銷售公司。人們稱他為鮑勃上校，視他為企業界的名流人物。

然而，在標準系的石油企業之間，鮑勃上校的名聲卻不太好。他總是看不慣所有舊傳統，揚言說要打破過去的規定。例如，他拒絕和老洛克菲勒一手操辦的鐵路油槽車製造公司合作，而是建立自己控制的車隊。當托拉斯解散後，他又拒絕執行紐澤西總部的規定，總部希望他的企業能夠集中力量煉油，由其他公司負責提供原油，但鮑勃置若罔聞。不僅如此，鮑勃上校還到處尋找資本合併的機會，在短短時間內，他獲得了泛美石油和運輸公司的部分所有權和控制權，甚至還闖進了紐澤西標準石油公司和紐約標準石油公司的股權領域。

小洛克菲勒終於對此忍無可忍。他認為，雖然法律上的托拉斯不復存在，但斯圖爾特破壞了標準石油帝國的平衡，打破了相關企業默認的秩序。幸運的是，小洛克菲勒很快就找到了機會：斯圖爾特捲入了一樁醜聞，牽連到企業向內閣成員行賄的事情。

小洛克菲勒知道這件事情後，氣憤地告訴妻子：「這樣的人，不能再領導我控股的公司了。他沒有絲毫的商業道德，我要發動企業全體股東，將他趕下臺。當然，如果他能夠自動辭職，可能會好些。」

艾比表示贊同丈夫的做法，但又擔心地說：「只是，想要鮑勃上校自己辭職，恐怕是不可能的事情。」果然，兩個人最後一次見面，以斯圖爾特當場奪門而出作為終結，小洛克菲勒則怒氣沖沖，讓人請來了岳父奧爾德里奇先生。

在一九二九年三月七日的年度股東大會上，雙方正式展開爭鬥。事先，小洛克菲勒展開了大規模的宣傳戰，讓所有人都認清斯圖爾特的本質，斯圖爾特則忙於對股東許諾，表示如果留任，就會推動發行股票和分紅。投票結果很快公布了：三分之二的股東支持斯圖爾特，剩下的三分之一支持小洛克菲勒。然而，前者總共只控制三二%的股份，而小洛克菲勒這邊握有六〇%的股份。

勝負結果已出，斯圖爾特並不認輸，他雖然離開了職位，但依然到處表示不滿。他說，自己並沒有輸給小洛克菲勒，只是輸給了錢。

無論如何，小洛克菲勒重新控制了印第安那標準石油公司。從道義上看，他將涉嫌行賄的企業高管趕出董事會，維護了社會與商業道德。從現實上看，雖然托拉斯不復存在，但如果還有誰想要像斯圖爾特那樣隨意挑戰遊戲規則，也不得不三思而後行。

一九三二年，印第安那標準石油公司的新董事們決定，將巨額的外國資產出售給紐澤西標準石油公司，其中包括泛美石油和運輸公司，墨西哥和委內瑞拉的原油產地。這些資產是斯圖爾特當年的得意投資。這場交易保證了紐澤西標準石油公司的收益，導致當時有媒體批評說，這是「二十世紀最大的盜竊案」。

作為補償，在雙方交易的過程中，印第安那公司成為紐澤西公司的大股東，握有七%的股份，兩家企業正式成為利益相關集團。緊接著，印第安那公司和紐澤西公司的總經理，都成為大通銀行董事會的董事，這樣，兩家企業的聯繫進一步加強了。此外，通過這次鬥爭，小洛克菲勒的兒子納爾遜成為紐澤西標準石油公司下屬子公司克里奧爾石油公司的董事，從此他開始進入拉丁美洲石油市場，並為最終活躍在政商兩界打下了堅實的基礎。

鍍金時代終結

一九二九年十月二十四日，週四，這是美國經濟歷史上黑暗的一天。原本看起來平靜的股市，突然毫無預兆地發生了崩潰，幾乎所有的股票價格都開始暴跌。與股市有關的商業利益，勢必將因此受到相當重大的損害。

此時，洛克菲勒父子，正處於不同的人生境遇。

老洛克菲勒的人生正在走向終點，父母早已作古，兄弟姐妹、妻子也撒手人寰，甚至早在十幾年前，他就失去了長女和兩個外孫，大部分生意場上的老友和對手，也已經離開了。經歷過一次次與親人的生離死別，坐擁著無可匹敵的財富，老洛克菲勒的人生已是從心所欲。他枯乾的身軀雖然變得越來越瘦，心情卻變得更加輕鬆愉快。許多他身邊的人感覺，他的心理似乎在「逆生長」：年少老成，而到了真正垂暮之年，他卻變得如同頑童。

隨著晚年越來越清閒，老洛克菲勒對重新塑造個人形象有了真正的興趣。不知什麼時候開始，他突發奇想，做出了前所為有的決定：出門時，他總是帶著許多零錢，只要見到鄰居或熟人，無論是誰，都會給成年人閃閃發亮的十美分紀念幣，見到兒童則分發五美分鎳幣。在家中的日常活動中，他隨時賞給僕人硬幣，打高爾夫球時，則分發給球童糖果。

為了讓人們不只是為了拿到意外之財而高興，這個老先生總是一邊散發硬幣，一邊還要念叨著簡短的格言。例如，教導小孩子說，想要發財，就應該勤儉節約、努力工作，這些硬幣是讓他們存起來的，不可以亂花。在老洛克菲勒看來，如果人們在聽取教誨時，能夠獲得某種幫助加深記憶的東西，以後再見到相關物品時就會想起教誨。為此他還向孩子們強調，一個鎳幣可是一塊錢一年的利息。

為了能夠保持這樣的良好習慣，老洛克菲勒只要走出家門，兩個衣兜總是鼓鼓囊囊的，而他忠誠的管家則隨身帶著備用的錢。後來人們估計，老洛克菲勒散發的硬幣應該有數萬枚之多，許多人都珍藏著這些紀念品，將它們編織到護身符中，或者陳列在家中。老洛克菲勒討厭簽名，認為這是非常愚蠢的，再加上他其實不喜歡出現在公眾場合，分發硬幣就成了他和陌生人打交道最簡單直接的辦法。

隨著分發硬幣範圍的擴大，老洛克菲勒又發明了各種新的招數。當別人和他打高爾夫球贏了他，他就會扔給對方一枚硬幣，如果打出的球特別精彩，他會手握硬幣高興地走上前去：「太棒了！這一擊值得十美分！」在餐桌上，如果有誰講了精彩的故事或者幽默的笑話，也能得到硬幣。如果有人弄灑東西，他就會在弄髒的桌布旁邊放上硬幣，作為服務生的小費。有時候，他又會和人開玩笑，故意扣下硬幣不給，或者只是在對方伸出的手心裡先放下一顆七葉樹樹籽，說這東西能夠防風溼病。洛克菲勒發放硬幣時，還喜歡不斷用尖細的嗓音說：「上帝保佑你！上帝保佑你！」在人們看來，那情形簡直和教皇散發聖餐薄餅毫無區別。

此時的小洛克菲勒，也已年過半百，他始終穿深色服裝、戴傳統的白色硬領，再加上花白頭髮和黑框眼鏡，模樣如同迂腐的老學究。他的個人生活也相當保守，當每家石油公司都在享受汽車行業帶來的利潤時，他卻依然選擇坐四輪馬車趕往機場，一直要坐到飛機前才停下來。與生活中恪守傳統相反的是，小洛克菲勒的眼界在不斷拓展。他向法國捐款一百萬美元，用來修復凡爾賽宮的屋頂和花園，並緊急維修楓丹白露宮和在戰爭中被炸而受損的蘭斯大教堂。法國人因此驚訝地發現，他和漫畫上那些狂妄自大的美國富翁截然相反。

除此之外，小洛克菲勒還出資修復了因一九二四年大地震毀壞的東京帝國大學圖書館，贊助了希臘雅典古代集市的發掘工作，在芝加哥大學建立了東方學院，也為耶路撒冷的巴勒斯坦考古博物館提供資助，用來保存《聖經》手抄本。

一九一七年十二月，小洛克菲勒在浸禮會社會同盟發表了被傳統人士視作異端的演講。他表示，所有的教規、儀式和教義應該不分彼此，對於進入上帝的王國即教會，那些都是無關緊要的。人生的試金石不是教義，而是行動；是一個人的行為，而不是他的話語；是他的為人，而不是他的財產。

小洛克菲勒此時的宗教觀，已經從少年時單純的虔誠篤信，轉變為更加開放包容的態度。他認為，只要能夠表現出耶穌道德精神的人，都是虔誠的，不管他們是否奉行了基督教的儀式。當然，這種觀點與他童年時接受的教育是大相逕庭的。

對於性情雖然相似，但終歸有所區別的父子倆而言，一九二九年的股災，傳遞了不同的資訊。老洛克菲勒知道，鍍金時代完結了，自己叱吒風雲的年代更是一去不返，此時他更願意聽從醫生的囑咐，並堅持每天打高爾夫球和喝一勺橄欖油，藉以頤養天年。小洛克菲勒卻決定放手一搏。

面對經濟大蕭條，洛克菲勒家族所受到的影響有限。即使面對嚴峻形勢，各家公司依然從容不迫地正常運轉，似乎即便整個資本主義世界都坍塌了，洛克菲勒這個名字還是會屹立不倒。

然而，小洛克菲勒並不滿足於此，他在此時做出了一個艱難而偉大的決定：建立洛克菲勒中心，一座現代建築風格的娛樂場所與商業設施的綜合體。

釘上最後一顆鉚釘

洛克菲勒中心的興建計畫，實際上早在一九二八年之前就開始了。小洛克菲勒原本並沒有承擔獨自開發的任務，但隨著經濟蕭條、形勢的惡化，曾經表示有興趣參與建設的企業紛紛退出，甚至原先簽署了協定的租戶也被迫放棄了。小洛克菲勒面臨著沉重的局面：如果他不去繼續興建大樓，就會每年虧損大約五百萬美元，而在租用土地的二十四年期間，這個數字會上升到一・二億美元。但是，如果沒有明確的租戶，直接開發土地的風險卻更大。

前進還是退出？經過反覆的思考，小洛克菲勒選擇了前者。後來，他因為這樣的勇氣受到人們的讚賞，但他說：「人們總會遇到這樣的情形——很想逃避卻無路可逃。於是，他就朝著向他敞開的唯一道路往前走，別人就將此稱為勇氣。」

小洛克菲勒的話有其道理，但他確實要面對嚴重的不確定性和重大的風險，這依然需要極大勇氣。在這座大樓的建設項目上，他突然發現自己重新回到了原本沒有多少興趣介入的商業世界，但正如他在處理科羅拉多事件時那樣，他接受了命運的挑戰，並向前邁出了堅定的步伐，去做自己應該做的事情。

小洛克菲勒諮詢了幾位曾經和他一起商討專案的建築師，確定了修改計劃。正是在第二次調整計畫之後，商業體被改名為洛克菲勒中心。與原計劃不同，它被設計成為完全商業化的開發專案。

即便對洛克菲勒家族成員而言，在當時美國經濟的大氣候下，想要堅持建造十幾座摩天大樓組成的商業體，也相當有壓力。建造所有大廈本身需要花費約一・二億美元，其中有六千五百萬美元將由小洛克菲勒私人擔保借貸。經過諮商，他從大都市人壽保險公司那裡獲得了信貸，此次交易成為當時所有保險公司中做出的最大融資計畫。即便如此，小洛克菲勒仍對四・五％的年利率感到不滿，並到處宣稱自己是被「強迫」支付如此之高的利息。但日後他的兒子大衛・洛克菲勒客觀地寫道：「那是他能得到的最好交易了，高利率本身表明了項目的風險性。」

很快，小洛克菲勒就不再計較經濟方面的問題。實際上，直到他去世，他都沒有從洛克菲勒中心的投資中獲得半點收益，回收的投資資金還不足五〇％。秉承著家族勤奮投入的基因，他一門心思撲在了建設項目上，事無巨細、親力親為。開工之前，他幾乎每天都俯首研究建築藍圖，手中拿著四英尺長的尺子，不斷地比較設計方案、進行選擇，為了保證審美效果和施工品質，他又額外追加了五％的投資。

施工開始之後，小洛克菲勒依然一絲不苟地進行監督工作，絲毫沒有考慮到經濟上的風險。如此的操勞讓他的偏頭痛復發了，從辦公室回到家時，他常常筋疲力盡，只能躺在沙發上休息。除此之外，他還患有支氣管炎和其他疾病，而建設洛克菲勒中心的工作加劇了他的病痛。

儘管如此，小洛克菲勒還是咬牙挺了下來。到一九三〇年夏天，事情出現了轉機，奇異的董事長大衛・楊，同意租用主樓中一百萬平方英尺的辦公面積和製片廠面積，並以年租金一百五十萬美元的價格租用項目場地裡建造的四個影劇院。這是由於奇異控股美國無線電公司，並擁有雷電華影片公司。

有了這樣的大型租戶，大部分的建築規劃工作得以繼續。更重要的是，將房產項目與電臺、電影進行結合，無疑讓洛克菲勒這個代表傳統商業時代的姓氏，與當時最新科技引領的朝陽產業，發生了奇妙的化學反應。這一合作本身，就帶來了大城市最需要的激情與關注。

轉捩點一旦過去，事情就變得順利起來。國會很快批准了特殊立法，為在洛克菲勒中心租用場地的公司提供優惠待遇，免除他們所進口產品的稅收。不少外國公司很快簽署了長期租約。隨著中心接近完工，小洛克菲勒憑藉最大個人股東的影響力，說服紐澤西標準石油公司回心轉意，租用了原場地建設的所有最後樓宇。其他與小洛克菲勒關係密切的公司和機構，也紛紛租用場地，例如大通銀行在這裡開設了分行，並因此擁有了洛克菲勒中心的獨家金融圈。洛克菲勒基金會等機構，也都在這裡租用了少量面積。

儘管起步艱難，但結果是圓滿的。洛克菲勒中心成為世界聞名的房產項目。在這裡，現代派建築風格特點展現得淋漓盡致，那簡潔大方的線條，符合城市文化特點的裝飾藝術，富有人性化的地下商城、露天廣場和屋頂花園，讓洛克菲勒中心呈現出簡約之美。

一九三九年，洛克菲勒中心全部完工。此時，洛克菲勒家族總辦事處早已從百老匯二十六號標準石油公司大廈遷到洛克菲勒廣場三十號第五十六層。從那時起，這裡成為洛氏家族的核心權力樞紐。全部竣工的那一天，小洛克菲勒從五六〇〇號辦公室走了出來，他頭戴硬質盔形帽，手上戴著笨重的工人手套，在眾人的簇擁下，親手用鉚釘槍釘上了洛克菲勒中心大廈的最後一顆鉚釘。

此時，小洛克菲勒已經六十五歲，距離最初發願建立洛克菲勒中心，已經過去了整整十年。看著大樓上下歡呼的建築工人們，他心潮起伏：整個美國都曾經指責這個家族占有了過多的財富，而這棟大廈以及其他所有的延伸建築，都為他證明：這筆財富只是上帝託付給他們家族的，他們將用以增進人類福祉，促進社會發展。

無論付出多少艱辛，在小洛克菲勒釘上這座大廈最後一顆鉚釘時，他感覺，一切都是值得的。眼前這座宏偉的洛克菲勒中心，不僅是美國歷史上前人幾乎難以想像的成就，而且也將被永遠載入史冊。整個洛克菲勒家族的形象，從此將不再流傳在紙面和口頭，也不會再被肆意扭曲，小洛克菲勒和他父親的靈魂，彷彿融入了這座建築的每個角落，將長久地屹立在紐約，屹立在美國西海岸。

英雄的黃昏

當小洛克菲勒在繁華的曼哈頓建造一座城中之城時，老洛克菲勒卻出人意料地對此沒有多少興趣。即便他知道這片城市建築，會讓整個家族的姓氏與世長存。事實上，他從未去過洛克菲勒中心，只是會在和兒子的談話中，關心工程中的財務或勞資問題。但有趣的是，他卻願意和孫子談起種種有關這座建築的細節，納爾遜·洛克菲勒記得，有一天中午，爺爺躺在折疊式安樂椅中，示意他過去，然後深入細緻地向他瞭解城中專案的情況。

老洛克菲勒此時已經年過九十，體型越來越乾瘦，整個人不到一百磅。在他的宅邸之外，歷史學家和社會批評家對他的評論依然沒有停息。在大蕭條時代，出現了一本本聲討他的書籍，認為洛克菲勒是其所處年代中最大的匪徒，依靠無情掠奪和狡猾欺詐獲得了財富。但很快，隨著二戰接近，高漲的愛國主義情緒又讓人們開始讚揚他為美國的工業鉅子，正是因為他們的努力，才讓國家擁有了強大的軍事力量。將不同時代下的輿論和學者們對洛克菲勒的評價進行對比，會有一種諷刺意味，因為他總是要麼被吹捧為偉人，要麼是遭到肆意謾罵——很少有觀點將他真正看作某種意義上的普通人。

不過，無論外界如何評價，老洛克菲勒都已經不在乎了。一九三二年，他已九十三歲，此時由於重感冒、身體欠佳，他終於完全放棄了高爾夫球。即便如此，他依然表示希望自己可以活到百歲，並將這個願望能否達成，看作是上帝對他一生所為的裁決。

一九三四年，老洛克菲勒突然得了支氣管性肺炎，這次疾病的衝擊，差點終止了他的百歲計畫，但他得以大難不死。他讓傭人和司機載了整整一車的水果、蔬菜、優酪乳和氧氣管，來到宅子裡住下，不再離開。為了活到百歲，他嚴格限制自己的日常活動，他不再打高爾夫，也不再坐汽車出去兜風，甚至不到院子裡散步，而是在日光房裡一坐就是好幾個小時。為了讓腿上的肌肉不至萎縮，他每天都要坐在臥室的健身車上，緩慢地蹬上一會兒。

一九三六年，老人大約預見到了自己的死亡。這一年，亨利・福特前來拜訪，當他告辭時，洛克菲勒對他說：「再見，我們到天堂再相會。」福特的回答是：「您如果能進天堂，一定會再見到我的。」這可能是老洛克菲勒最接近死亡話題的一次談話，除此之外，他從來沒有談到過自己百年之後的事情，相反，他總是在談論生的問題。

一九三七年初，老洛克菲勒身體十分衰弱，頭腦卻依然清醒。小洛克菲勒在三月還寫信給朋友說，「家父身體很好」。即便在此時，老洛克菲勒依然在股市上投資，每天照樣同照顧他的伊文思夫人相互打趣取樂。五月二十二日，週六，他為年輕時服務過許久的歐幾里得大道浸禮會教堂償還了抵押貸款。

這天深夜，老洛克菲勒的心臟病發作了。五月二十三日凌晨四時左右，他昏迷了過去，並在睡夢中與世長辭。從醫學專業角度來看，他的死因是心肌炎硬化症，但也能說他是死於年事過高。

五月二十五日，在波坎蒂科莊園，舉行了老洛克菲勒的葬禮。三天後，他的遺體被送到克里夫蘭，安葬在母親和妻子的墳墓之間。由於擔心有人會破壞墓地，他的棺木被放在一座炸藥無法炸開的墓穴裡，上面還鋪著沉重的石板。

老洛克菲勒生前就將大部分財產以各種形式散發出去，只留下了價值二千六百四十萬美元的遺產，這與他曾經擁有的財富相比，只是一小部分罷了。報紙上的訃告將他描述成樂善好施的大慈善家，再也沒有人批評謾罵。在他去世後不久，小洛克菲勒搬進了父親的宅邸，但他明白，父親依然是舉世無雙的。因此，他保留了名字前的「小」字，在其晚年，人們總是能聽到他這樣說：「世界上只有一位約翰・D・洛克菲勒。」那時，小洛克菲勒也已六十三歲了。

在父親去世前，小洛克菲勒就有意識地將手中的權力讓渡給下一代。一九三四年十二月，他給每個兒子寫了一封信，告訴他們自已將大部分財產做了妥善處理，利用信託的方式，他們每個人能夠獲得總值四千萬美元的標準石油公司股票。

在這座老宅子裡，小洛克菲勒度過了他餘下的歲月。一九六〇年五月十一日，他與世長辭。他的五個兒子，將父親的人生信條刻在花崗岩上，樹立在洛克菲勒中心前。

—第八章—

與世界共舞

（一九四〇—一九五四年）

年少冒險之路

洛克菲勒父子的名字如雷貫耳，但與世界上所有的偉大人物一樣，他們終會退出曾經大展身手的舞臺。一個時代結束了，新時代在延續，洛克菲勒家族的第三代，早已活躍在世界的舞臺上。

小洛克菲勒有六個孩子，他用妻子名字命名的長女，也叫作艾比，為了方便，在家裡大家都稱呼她為巴布絲。隨後降臨的，就是日後鼎鼎大名的洛克菲勒五兄弟：第一個是約翰三世，一九〇八年則是納爾遜來到了人間，隨後，在一九一〇年、一九一二年和一九一五年，勞倫斯、文斯洛普和大衛相繼出生。

在五位兄弟中，納爾遜・洛克菲勒可謂中心人物。從某種意義上看，他也是最背離祖訓的那個人。小洛克菲勒希望家族可以成為大洋下深藏不露的冰峰，雖然能左右洋流和艦隊，卻不會被人發現，但納爾遜讓冰峰浮上了洋面。

七歲時，納爾遜和哥哥約翰、弟弟勞倫斯玩耍，說起每個人的志向時，他得意地說：「我要當總統，再沒有比這更為激動人心的了。」母親艾比聽說以後，也只是付之一笑，誰也沒有將這話放在心上。畢竟，哪個美國男孩不會以將來當上總統為榮呢？

在林肯中學時，教師們對納爾遜評價不高。他上課不夠專心，成績也乏善可陳。實際上，他的確不喜歡書本上的概念，而是喜歡付諸實際、親手操作。儘管如此，在面臨升學大考時，納爾遜多少還是有些緊張，哥哥約翰考入了普林斯頓大學，這多少刺激到了他，於是在林肯學校的最後一年，他開始用功苦讀，父母也專門請來了家庭教師。第二年，他被達特茅思學院錄取。

當納爾遜將要踏入大學校門時，約翰三世勸告他說：「在學校，你要低調一些，你會發現『做洛克菲勒』並不是容易的事情。」納爾遜卻滿不在乎地說：「隨便吧，是上帝讓我成為洛克菲勒的，這不是我的錯。」納爾遜並沒有像他的兄弟那樣，證明自己的能力，相反，他對家族有著異乎尋常的研究熱情。在學院裡，他希望加深對祖父創業歷史的理解，於是將老洛克菲勒和標準石油公司史作為個人研究專題。

成長中的納爾遜，夢想著能像祖父那樣，不受約束地透過冒險成就一番事業。相比約翰三世的循規蹈矩，納爾遜實在無法忍受被家族安排好的生活和事業。

畢業之後，納爾遜在一九三〇年就與豪門出身的瑪麗•克拉克結婚，婚禮盛況空前，規模超過了小洛克菲勒當初的婚禮。小洛克菲勒送給這對夫妻一次環球旅行作為禮物，旅途中到處都是富有異國情調的地方：檀香山、東京、漢城（今首爾）、北京、爪哇、蘇門答臘和峇厘島……納爾遜夫婦帶著小洛克菲勒給他們的英國首相介紹信，在印度受到了非常隆重的禮遇，還見到了聖雄甘地。納爾遜信心十足地告訴妻子瑪麗：「如果甘地活得夠長，我們還會見面，到那時，我將代表美國政府，甘地會代表印度政府，我一定要問問他，是否還記得當年那個在蜜月旅行中拜會他的年輕人。」這次旅行充分開拓了納爾遜的眼界，也促進了世界對洛克菲勒家族的認識。

回國之後，納爾遜按計劃應該進入家族企業工作，但剛經歷了環球旅行的他，還是嚮往種種冒險，受不了那種時刻被拘束的壓力。於是，他努力做一些能夠離開家族圈子的事情，例如一九三二年，他與幾個朋友開辦了一家新公司，又擔任了大都會博物館的理事。

雖然納爾遜在事業上想要擺脫姓氏的影響，但另一方面，他相比其他兄弟更明白家族的作用。他最早看清楚，經過父親的努力，家族利益和國家戰略需求已經緊密聯繫在一起，洛克菲勒家族不僅能左右華盛頓的財政政策，還透過基金會資助了美國社會各界的產業。透過這些手段，洛克菲勒家族的影響力滲透進各個領域，產生了不可估量的作用，許多將要在政府決策中發揮重要作用的人物，也都是在基金會的資助下才平步青雲的。

納爾遜機敏地看到，洛克菲勒基金會所支持的人物與機構，組成了一個強大的權力體制，影響著美國經濟、政治和文化生活的發展。相比納爾遜，其他兄弟們並沒有充分意識到這一點，抑或是並沒有相關興趣。只有納爾遜清楚地意識到，自己作為洛克菲勒的傳人，能夠充分利用這種得天獨厚的條件，施展自己的領導和組織才能。在洛克菲勒父子們並未深涉的政壇中，納爾遜決定開啟他的冒險人生。

統治洛克菲勒中心

一九三二年四月二十四日，在紐約市大夫醫院，納爾遜・洛克菲勒夫婦喜得貴子。興高采烈的納爾遜，打電話向父親和祖父報喜。

收到消息後，小洛克菲勒分享了兒子的快樂，但同時也流露出一絲譏諷。第二天，他悄悄對老洛克菲勒說：「真是想像不出納爾遜當爸爸了。我猜，他兒子以後一定會將他當成哥哥。」

然而，納爾遜並不會總是像小洛克菲勒想像的那樣不成熟。從蜜月旅行回到紐約後，他就開始追求先在家族事務中確立威信。一九三一年，在波坎蒂科莊園為祖父祝壽的晚會上，他積極地招呼兄弟姐妹，將他們集合起來，與祖父老洛克菲勒合影。他努力抓住每次機會培養和祖父的感情，比如千里迢迢地去佛羅里達和老爺子打高爾夫球，將他傳授的點滴智慧吸納入靈魂之中。同時，納爾遜知道父親對祖父極為尊重，於是每次都會將與祖父會面的細節敘述給父親聽。

一九三三年，納爾遜去墨西哥旅行，並為現代藝術博物館收集了一批藝術作品。回國之後，他首先去拜望父親。小洛克菲勒此時已經五十九歲，正走向人生的晚景，納爾遜卻只有二十五歲，依然風華正茂。納爾遜戴著墨西哥民族特色的草帽，看起來充滿了墨西哥人的野性，倒是非常符合他那勇往直前而義無反顧的脾性。

納爾遜走進書房，見到小洛克菲勒正坐在那裡，埋頭研讀一份洛克菲勒基金會的研究報告。納爾遜大聲說道：「你好，爸爸，看起來你氣色很不錯！」

小洛克菲勒抬起頭：「謝謝，納爾遜。去墨西哥的感覺怎樣，是不是熱得像要著火？」

納爾遜笑了：「爸爸，你真有趣。這次，我給你帶了幾幅畫，可以裝飾家裡，你肯定喜歡它們。」

但小洛克菲勒卻沒有多少興趣，他冷淡地說：「謝謝，我想還是你留著它們，或者捐給博物館，讀書和報告倒是更符合我的胃口。」

這樣的反應讓納爾遜沒有想到，他愣了一下，又和父親聊了些見聞就回家了。晚上，他翻來覆去睡不著，便提筆給父親寫起信來。在信中，他說：「也許我的決定讓您不太滿意，親愛的爸爸，也許還有點讓您失望。不過，那些都是過去的事情了，我向您保證這一點。就我的思想意識而言，我始終處於不斷變動之中，而且，我覺得我好像正在進入新的階段……總之，我只希望經由這封信讓您知道，鑑於我的利益所在，我又回到家族的圈子裡來了。今後我的願望，在於以我有限的經驗，努力為您效勞。……」

小洛克菲勒收到信後，明白一心冒險的納爾遜終於成熟起來，他想要為家族真正奉獻價值。於是，他將管理洛克菲勒中心租戶的事情，交給了兒子，作為對他的考驗。

自一九三三年中葉，當家族事務所從百老匯二十六號搬到洛克菲勒中心時，納爾遜就參加了新辦公室的布置，與建築設計師們討論每件事：從照明設施到隔板牆再到油氈訂購的合約。此外，他名義上還負責幾幢其他大樓的出租事務，但這些事務一開始還完全控制在執行代理的手中，留給納爾遜的工作，只是做一些感謝客戶的面子工程。

此時，美國經濟雖然開始有所回升，但距離重現繁榮還需要相當長的時間，想要為洛克菲勒中心這麼宏偉的綜合商業體招滿商戶，並不是容易完成的任務。連帝國大廈這樣的老牌商業體，也只有三分之二的商鋪和辦公室租賃了出去。

為了走出困局，納爾遜向父親提出，可以削減租金，增加人氣。按照他制定的租金價格，收益還不夠中心大廈所負擔的稅金、利息和經營管理等費用，但納爾遜並不在乎，他告訴父親，此時最重要的是先將這幢大廈填滿，後面的事情不妨讓時間加以解決。

納爾遜的建議是正確的。到一九三八年，洛克菲勒中心已經從使人頭疼的困境中擺脫出來了。納爾遜帶著幾分得意對父親彙報說：「爸爸，今年洛克菲勒中心終於可以養活自己了。而且，它還能略微賺一點，以後，它會為您帶來更多收益。」

小洛克菲勒糾正道：「不是為我，納爾遜，是為了我們大家。」

雖然口頭這樣說，但做父親的看見兒子的成績，同樣感到非常開心。一九三八年，為了鼓勵納爾遜的幹勁，小洛克菲勒任命他為洛克菲勒中心的負責人。在苦心經營數年之後，他終於獲得了父親的認可，戰勝了其他競爭者，站到了人生事業征途的第一個山峰上。

成為洛克菲勒中心之主，讓納爾遜充滿了自信和力量。當《財星》雜誌開始連篇累牘地宣傳洛克菲勒中心的輝煌成功時，納爾遜得意地告訴主編說：「你抓住了一條正在蛻皮的蛇。」雖然他表面上的意思，是指洛克菲勒中心從建築工程向企業經營的轉變，但同樣能夠表達他個人發生變化時感受到的心情轉變。納爾遜知道，自己不再是剛加入家族企業的學徒，不再事事需要仰仗資深員工的判斷力。現在，他是這片混凝土叢林的主人，他得償夙願，統治著洛克菲勒中心。

第三代掌門人

納爾遜入主洛克菲勒中心那年，這裡尚未完全竣工，還有三棟大廈需要建築。第一棟樓高十五層，位於美國無線電大廈以北，美聯社是它的主要租客。這棟樓並不及其周圍的大廈雄偉，只是純粹的辦公室，設計時只著眼於成本效率和租戶需要。它就是後來的聯合通訊社大廈。

第二棟投入施工的大樓，則位於無線電大廈之南。最初，其前景不如美聯社大廈，但納爾遜私下建議父親，這棟樓的施工程式應穩妥一點。建成之後，這棟建築物被命名為荷蘭大廈，但荷蘭政府只是象徵性的租戶。直到後來東方航空公司將大廈作為總部，才將這棟建築進行了積極地升級。

最後一棟建築物，在第六大道上與中心劇院毗鄰。由於這裡有著高架列車車道，雖然日後將會被拆除，但想要找到租戶並不容易。於是納爾遜帶著下屬，和美國橡膠公司談判，與他們商議是否能搬出原有總部，租用新的樓房。最後，洛克菲勒中心甚至買下了這家公司的總部，從而使他們租下了新樓。除此之外，納爾遜還在洛克菲勒中心督促修建了一個巨大的停車場。停車場總共有六層，其中三層在底下，位置在東方航空公司大廈的後面。納爾遜認為，車庫能夠有效緩解交通堵塞現象，從而吸引租戶。但下屬中有質疑者提出，這項設施肯定會賠錢。在爭論的最後，納爾遜獲得了勝利，車庫規劃付諸實施。雖然車庫本身沒有帶來多大利潤，但它確實像納爾遜所說的那樣，為龐大的建築物群提供了充分的協助工具。

納爾遜給人們留下的印象，似乎總是在無休止地設計與籌畫。他此時還不到三十歲，面對種種開發活動，他似乎能夠煥發出無止境的精力，從而成為紐約投資者中的傑出代表。

一九三七年三月，東河儲蓄銀行在洛克菲勒中心國際大廈一樓開設分行。銀行總經理達爾文・詹姆士想到，讓洛克菲勒家族的人成為首個儲戶，會產生很好的行銷效果。家族中有人提出，擔任洛克菲勒中心負責人的納爾遜，抑或剛從普林斯頓畢業、協助納爾遜的勞倫斯，正是合適的人選。對這個建議，納爾遜欣然接受。一週後，東河銀行舉行了盛大的開業典禮，納爾遜和勞倫斯笑容滿面地從達爾文・詹姆士手中，接過了兩本頗具紀念意義的存摺。

納爾遜就是這樣，他天生熱情，喜歡參加剪綵之類的慶典，無論場面如何，他都樂在其中，這一點，與他矜持的父親、靦腆的大哥完全不同。人們經常能夠看到他出席各種公眾場合，包括為洛克菲勒下沉廣場的小花園舉行落成儀式，為溜冰場開幕式做主持，還有為貢獻突出的建築工人頒發證書和徽章等。正是在這座城市的核心建築區域裡，他的活躍個性得到了充分發揮，並逐漸為其奠定了第三代掌門人的地位。換言之，如果說洛克菲勒家族在經濟蕭條時期，體現出了紐約所特有的面對困難的樂觀與活力，那麼納爾遜就是這一態度最形象的代言人。

在納爾遜參與的每個公開活動中，他都能夠抓住機會，大談洛克菲勒中心為紐約所做出的貢獻。他號召其他房地產擁有者，積極跟隨洛克菲勒家族，在紐約繼續做出大專案。因此，納爾遜成了報界關注的大人物，媒體不再稱呼他為「洛克菲勒繼承人」，而是直接稱呼他為「納爾遜・A・洛克菲勒」。即便成為家族第三代的中心人物，納爾遜還是盡力突出父親作為家族第二代核心角色的地位。一九三九年十一月一日，洛克菲勒中心第十四棟——也是最後一棟大廈——美國橡膠大廈完工。納爾遜決定，將這次完工作為洛克菲勒中心最大的慶典加以宣傳。他安排了演說、組織了遊行，並透過全國廣播公司的無線電網路，全程向美國播送實況。慶祝的最高潮，就是由中心創始人小洛克菲勒為大廈上完最後一顆鉚釘。在小洛克菲勒走上鋼梁，去釘上最後一顆鉚釘之前，納爾遜發表了精彩的演講，他說道：「給洛克菲勒中心上最後一顆鉚釘，就像一個故事，講完最後一個詞。這個故事講述了計畫和建築、進步和挫折、意料之外和預見不到的情況。」

看起來，這是屬於小洛克菲勒的一天，他在閃光燈和攝影機的包圍中，將鉚釘推進了鋼梁。但是，當人們看到主席臺上沉著的納爾遜時而與社會名流交頭接耳，時而和工會領袖輕鬆周旋，時而又穿著得體的服裝走到麥克風前鄭重其事地發表演講，誰都清楚，這天的慶典真正屬於誰。

在公眾心目中，洛克菲勒中心的完工，如同一次權力的交接。這些建築既是小洛克菲勒的傑作，也是納爾遜付出心血的工程。《財星》雜誌如此寫道：「讓洛克菲勒中心格外引人注目的天才，正是納爾遜・洛克菲勒，約翰・D・小洛克菲勒的次子。請盯著他吧！」

到南美去

一九三八年，世界已經相當不安寧。每天的新聞彷彿都在暗示，巨大的災難即將向全人類襲來，烏雲也籠罩到美國東海岸。在紐約，政商名流的聚會經常演變成美國如何採取行動的爭論，從晚間持續到深夜。納爾遜也經常參加這樣的聚會，但他觀察的焦點，還不在西歐和亞洲這些已經點燃戰火的地區，眼下他只有一個想法：到南美去。

納爾遜對南美產生興趣，首先源於藝術。一九三三年，他就是被墨西哥畫家李維拉和奧羅茲科的作品所吸引，因此奔赴墨西哥，並在那裡花了一個月的時間，尋求古代的藝術珍品。

一九三五年，面對自己分到的大筆信託財產，納爾遜果斷決定將之投資克里奧爾汽油公司，即紐澤西標準石油公司在委內瑞拉的分公司。從商業上看，這是相當精明的投資決定，早期對馬拉凱博湖油田的開發，讓委內瑞拉成為世界第二大石油生產國，其出產石油的絕大部分，已經被克里奧爾公司所控制。納爾遜開始這項投資時，想到的並不是從這裡賺到固定的利潤，而是為自己進入董事會做好鋪墊。為此，他還專門學習了西班牙語，夢想有朝一日能夠在廣闊的南美大陸縱橫遊歷。

一九三七年，當納爾遜牢固掌握大權之後，終於又能在南美重溫舊夢。他帶著的隨行人員中，有下屬陶德、弟弟文斯洛普、標準石油公司的傑伊・巴克、大通銀行的羅文斯基。這個訪問團隊乘坐包機，從委內瑞拉到巴西，然後到阿根廷，越過安地斯山脈再到智利和祕魯，最後沿著西海岸北上抵達巴拿馬運河。整個旅行持續了兩個月。

每到一個國家和城市，洛克菲勒家族訪問團都會受到隆重歡迎。政府總督和石油公司的官員到機場迎候，同行的還有當地社會名流。納爾遜喜歡這樣的氣氛，尤其喜歡南美人的性情，從他們毫無掩飾地流露情感、友好的拍肩和熱情擁抱中，他似乎找到了自己的個性。

在南美，納爾遜積極地尋找藝術品，對自己喜歡的就加以購買和收藏。同時，他還力勸祕魯總統提供一個永久性場所，由他出資用以保存當地出土的木乃伊。

與此同時，納爾遜也沒有忽視當地社會的陰暗與落後。經由在農村的遊歷，他看出當地南美人和美國人之間的物質與精神差距。克里奧爾公司營地旁總是有帶刺的鐵絲網保護，營地自行供電並進口食品，而營地外的公共居住點，既沒有學校醫院，也沒有下水道，甚至沒有淡水。如此殘酷的對比場景，深深植入納爾遜的腦海，讓他終生難以忘記。

旅行途中，老洛克菲勒去世的消息傳來，納爾遜立刻中止了旅行計畫，匆忙回到紐約。參加完祖父的葬禮，他隨後就請求在紐澤西標準石油公司的年度會議上發言，聽眾則是從全世界各地聚集到紐約的三百多名高級經理。面對他們，納爾遜侃侃而談：「判斷所有好壞的唯一標準，就是看它是否服務於人民的普遍利益。我們必須認清，公司的社會責任是以資產的所有權來實現人民的利益，否則，人們就會剝奪我們的所有權。」這樣的話語，似乎是某些政客或企業家裝點門面的慣用詞語，但能從洛克菲勒家族的人口中說出，就值得回味了。

果然，一年之後，委內瑞拉政府開始成倍提高石油行業的稅收額度。當資產有可能被沒收的警示出現，克里奧爾公司的高層開始著手進行改革，他們要求所有管理人員學習西班牙語，並為周圍村民提供醫療幫助，並和政府共同解決村鎮的用水、排汙、學校和其他基礎設施。公司還自行辦學，為當地的文盲石油工人和家屬進行普及教育。

一九三九年三月，納爾遜重返委內瑞拉。這一次，他的出訪更像是隆重的政治活動。他來到油田，用已經嫻熟的西班牙語和工人們交談，瞭解他們的工作和生活情況。由於他平易近人，經常會被工人當成剛走馬上任的管理官員。他拜訪當地報社時，儘管報紙編輯曾經對納爾遜做過嚴厲批評，但他還是笑意盎然地走進辦公室：「我是納爾遜•洛克菲勒，我想見你們的編輯。」

由於這些出色的表現，納爾遜很快成為協調美洲關係的重要人物。當年年末，美國多家石油公司在墨西哥陷入困境，傳聞墨西哥要剝奪它們的油井所有權。納爾遜接到了多家公司的求助，他很快與墨西哥總統拉紮羅•卡爾德納斯進行了祕密會晤。雖然這次會見沒有獲得明確的成果，但納爾遜更進一步地認識了南美，他發現，拉丁美洲所謂的「尊嚴」，不只涉及個人，還關係整個民族與國家。這樣的思想收穫，將會在未來的歲月中幫助納爾遜。

進軍華盛頓

對南美洲的瞭解，彷彿一把鑰匙，打開了納爾遜・洛克菲勒邁向政壇的大門。由於納爾遜對南美洲有著深刻瞭解與深厚情感，他和他的智囊團，恰好填補了美國政府因關注歐洲危機、放鬆南美事宜而產生的政策諮詢真空。當南美問題被重新提到議事日程上時，納爾遜・洛克菲勒無疑是處理相關事務的最佳人選。

毫無疑問，洛克菲勒中心總裁的職位具有強大的吸引力，但對納爾遜來說，與這項工作有關的挑戰，都將成為歷史。無論他在這座建築中心裡取得怎樣的成就，都逃不出父親的光環，這是他和所有兄弟都要面對的現實。同時，他在現代藝術博物館的工作、在南美洲的各種投資和冒險，都只是暫時性的，只是在他通往更宏偉目標道路上的臺階。

一九三八年，納爾遜的顧問安娜・羅森柏格，動用了能夠直接打電話給美國總統佛蘭克林・羅斯福的特權。在電話裡，她建議總統認識一下納爾遜，並保證納爾遜「富有同情心」，強調他「與家族中其他有些人的觀點不大相同」。她告訴羅斯福總統，如果接見這個優秀的年輕人，並不需要談論任何特殊的事情，只需要就商業和其他事務泛泛而談即可。羅森柏格說，這次會晤的目的，是讓納爾遜領略一下羅斯福的魅力。

羅斯福同意了這個建議。一九三九年，納爾遜被帶入白宮的橢圓形辦公室。這次會見中，納爾遜邀請總統前往參加現代藝術博物館的落成典禮，並透過全國電臺聯網，在開幕式上發表講話。羅斯福欣然同意。

總統親自參加開幕式，無疑是納爾遜和博物館的巨大成功，但它同時也預示出這個年輕人和總統之間的關係。在博物館順利落成後，納爾遜向總統寫信表示感謝說：「您發表講話後，我們收到了許多熱情洋溢的信件和評論，我禁不住要拿起筆再次向您表示感激。」

此後，納爾遜不斷抓住機會，強化自己和羅斯福總統之間的聯繫。同時他很快發現，要想在華盛頓發揮重要影響力，必須要得到時任商務部部長哈利·霍普金斯的認同與支持。

霍普金斯名義上是內閣成員，實際上卻是羅斯福總統的心腹智囊。他本人住在白宮，臥室隔著大廳，與總統的臥室相對。雖然納爾遜曾經利用各種管道試圖接觸他，但直到一九三九年夏天，還是沒有獲得見面的機會。

一九三九年九月一日，全世界被來自歐洲的消息震驚了：法西斯德國悍然發動了戰爭，二戰戰火迅速在歐洲蔓延。納爾遜終於得到了新的機會。

短短半年內，整個歐洲都在納粹鐵蹄的踐踏下顫抖。一九四〇年五月，英軍從敦克爾克撤退，六月，巴黎淪陷。佛蘭克林・羅斯福面對著國會中的孤立主義情緒，只能做出謹慎回答。但事實上，正如邱吉爾所說，如果英國得不到美國的支持，歐洲的納粹力量會比現在更為強大。這讓羅斯福不得不考慮做出積極準備，與此同時，他的軍事參謀們也指出，希特勒的下一個進攻目標可能是南美洲和加勒比海地區。

在全力支持英國甚至直接參戰之前，找到能夠穩定美洲後方的人選、做好積極準備，成為羅斯福和霍普金斯最關心的問題。一九四〇年六月，霍普金斯終於表示自己想見見納爾遜・洛克菲勒，聽聽這位瞭解南美洲的年輕人，有什麼樣的看法。

六月十日，納爾遜走進了霍普金斯在白宮的臥室，由於常年臥病，他基本上只在這裡處理公務。納爾遜在這裡提交了備忘錄，其中列出了詳細的計畫建議：美國應該採取緊急措施，儘量買進拉美的剩餘商品；降低或取消關稅；商界和政府應聯手鼓勵向這個區域投資；重新為外債籌集資金，並盡可能將外債轉化為國內通貨債券；加強在南美洲的外交活動，引入文化、教育和科技交流為一體的計畫。

納爾遜進一步建議，為了協調這一切，應當由總統親自任命兩個委員會：各部協調小組和由私人組成的小型諮詢委員會。

霍普金斯對納爾遜的建議並沒有全盤接受，但他顯然欣賞納爾遜的看法。他說，自己正擔心國務院、財政部、農業部和商業部之間會由於計畫不同而發生摩擦。他也認為，美國政府應該全盤統籌整個拉丁美洲的開發計畫，納爾遜的計畫正是重要的指導工具。

霍普金斯同意，第二天將納爾遜提交的備忘錄遞交給羅斯福總統，並建議總統召集內閣成員開會，讓他們形成一個綜合方案。此外，他要求納爾遜為私人諮詢委員會準備一份推薦名單。

會晤兩小時之後，納爾遜一行走出了霍普金斯的臥室，這次會談的成果，比他預想的更好。納爾遜憧憬著，有可能在下個月、下週，甚至明天，他的建議就會成為華盛頓對南美洲新政策的框架。他高興地返回紐約靜候佳音。

很快，羅斯福拿到了納爾遜的備忘錄，在和內閣成員討論之後，各部門聯合擬訂的計畫交入白宮。計畫的中心內容是建立一個美洲內部貿易公司，該公司負責購買和銷售整個西半球內部的多餘商品，這正是納爾遜在備忘錄中提到的。不過，計畫本身遠沒有納爾遜所宣導的那樣廣泛，這多少讓他有些氣餒。到六月底，羅斯福公布了他執行南美計畫的特別助理，此人叫詹姆斯・弗萊斯塔爾，來自華爾街商圈，是充當總統助理的合適人選。這樣，納爾遜備忘錄中的又一個建議，即任命美洲內部事務的總統助理，也被採納了。然而，這個助理並不是納爾遜自己。

八月，正當納爾遜感到失望時，事情發生了轉機。弗萊斯塔爾被任命為海軍部副部長，這標誌著南美事務即將交給新的人員來接手。八月十五日，納爾遜成為新任的美洲事務協調員。多年以後，納爾遜對別人說：「我像謀求其他工作那樣，謀求到了這份職務。我構想出了應該做的事情，然後有人告訴我，好吧，這是你的主意，就由你付諸實施吧。」

在二戰的烽火中

從納爾遜到國務院辦公大樓報到開始，他就不只是領取一年一美元象徵薪水的官員。雖然美國政府撥給他的預算經費最初只有三百五十萬美元，但作為洛克菲勒家族的新核心，他並不為從哪裡找到資金而擔憂。

為了更好地推進美洲事務，納爾遜從小洛克菲勒那裡取得了一份非同尋常的信用證。這份信用證能夠讓大通銀行向納爾遜協調員辦公室提供貸款，而小洛克菲勒每次志願擔保的金額也只有十五萬美元。雖然信用證並沒有被真正使用過，但它的出現，打開了歷史上的先例：第一次，由私人擔保來為政府機構籌措資金。

當然，家族優勢為納爾遜提供的便利，並不局限於金錢上，在龐大的家族關係網上，還有著商業、學術、文化、新聞媒體等領域內的多種多樣的精英人物。納爾遜不斷從名單中選擇優秀者，加入到他的新機構中。一開始，他就說服了大通銀行國際業務部的領導約瑟夫・羅文斯基來負責管理協調員辦公室的貿易金融部門，又請來著名的廣告代理公司前高管詹姆斯・楊來負責通信聯絡部門。隨後，納爾遜又利用朋友關係，邀請了年輕富翁約翰・惠特尼作為協調員辦公室駐好萊塢的特使。

此外，納爾遜積極挖掘從前的商業關係。他從委內瑞拉開發公司調來最早的助手團隊，又邀請與家族關係親密的商業大亨和名校校長加入自己的「政策諮詢委員會」。當然，納爾遜非常清楚，自己需要的不僅是顯赫人物的名字，他還需要聚集一批真正忠於自己的助手，他們唯一的職責就是為協調員辦公室竭誠服務。

很快，因循守舊的國務院官僚們發現，納爾遜・洛克菲勒辦公室的氣氛令人吃驚。在納爾遜所能觸及的所有領域，包括金融、出口、教育、通訊和文化交流，他的下屬四處出擊。例如，他們為一家新建的巴西鋼鐵廠爭取到美國進出口銀行的貸款；航空專家威廉・哈丁被派遣到南美，考察航空運輸狀況；他們制訂計畫舉行美洲各國藝術展和文化交流活動；還計畫製作並發行反映整個南美洲的新聞紀錄片。

納爾遜抓住一切機會，談論他的新工作。他充滿信心地宣布，對他的任命，代表著「看待拉丁美洲問題的新時期」。他打破官僚的負面形象，從報社到大學，到處宣揚自己的西半球聯合主張。他還在羅斯福總統和其他政府高層中，散發、宣傳協調員辦公室工作的工作報導。

當時，有許多新人從各地前來加入協調員辦公室，納爾遜熱情地邀請他們住進自己在福克斯霍爾路的宅子，直到他們確定了住所。有段時間，納爾遜家接待了十五家賓客。這種做法充分體現了他的追求：有人始終陪伴自己不停地工作。與助手們住在一起，讓他幾乎從早到晚都能夠工作，哪怕是在餐桌上，話題也幾乎離不開南美洲。

在納爾遜的積極努力下，一九四一年十一月二十一日，他終於能夠確定地告知下屬：「我們正祕密努力，並等待總統批准與經濟防禦委員會合併。」所謂合併，是指將協調員辦公室的商業和財務納入經濟防禦委員會中，並改稱為美洲部。納爾遜希望自己的副協調員和密友卡爾・斯巴士能夠負責這個部門。

從戰略上看，這次合併是納爾遜的絕妙計策。如果他的部門能夠真正和強有力的經濟防禦委員會聯合，就能獲得他始終缺乏的政府職能，而斯巴士占據領導崗位，就保證了實際權力依然能夠操縱在協調員手中。

十一月二十四日，羅斯福正式批准了合併，納爾遜也加入了經濟防禦委員會。此後，他的辦公室源源不斷地提出各種計畫，為經濟防禦委員會做出積極貢獻。

一九四一年十二月七日，日軍偷襲珍珠港，美國很快向軸心國宣戰。最初，只有九個南美國家和美國一起向軸心國宣戰，另外有七個國家宣布和軸心國斷交。與此同時，阿根廷和智利受到國內親納粹派別影響，拒絕和軸心國斷交。巴西也搖擺不定。

面對戰爭，納爾遜更加義無反顧地投身於協調員的工作中。在珍珠港事件第三天，他就對辦公室的高級職員發表講話，鼓舞他們的士氣。他說，這個辦公室就處在防禦第一線，美洲國家就是美國的側翼，同時也是重要的戰爭物資來源地，他們的工作，就是保證有可靠的同盟生產這些物資，並幫助製造現代化武器裝備。

納爾遜所說和所做的如出一轍，他從不會放過任何機會來為戰火中的美國軍隊服務。一九四二年十一月，當盟軍進攻北非時，納爾遜開始在南美洲加強宣傳規模。他的電影製片團隊、廣播企業和報紙傳媒企業，紛紛投入報導盟軍戰況、解釋軍事策略的工作中。大量的電報從華盛頓被拍往南美各國美國使館，指示它們如何在當地宣傳正面消息。在此之前的七月，納爾遜甚至突發奇想，在和羅斯福共進午餐時突然提出，自己願意現在或將來什麼時候就去參軍，除非總統希望他繼續做現在的工作。

面對這個有些唐突的要求，羅斯福回憶起自己在一戰時，正擔任海軍部長助理，他也向威爾遜總統提出了相同的請求。他引用威爾遜當時的回答：「我想讓你去部隊的時候，我會告訴你的。現在，我希望你待在原地，哪裡也別去，沒有第二個人能勝任你現在所做的工作。」

坎坷仕途

納爾遜在二戰中的工作有目共睹，然而，在華盛頓的官僚體系中，他並不受歡迎。到他在任的第四年，他總共花費了一・四億美元，這也讓對他有所成見的人，稱他為「頭號揮霍者」。

一九四四年十一月，科德爾・赫爾從國務卿職位上辭職，小愛德華・斯特蒂紐斯接替了他的職位。在上任之初，斯特蒂紐斯找到納爾遜，告訴他總統希望他擔任負責美洲事務的助理國務卿。納爾遜反問道：「那麼，您的意見如何呢？」斯特蒂紐斯態度模糊地說：「我服從總統先生的決定。」納爾遜知道，對方並不歡迎他做助手。

不久之後，由於羅斯福總統的堅定支持，納爾遜還是成為助理國務卿。

雖然與上司相處得並不好，但這沒有妨礙他的工作。在隨後的九個月中，他利用自己的職務，構造出了拉丁美洲戰略體系，將來這一體系會發揮重要作用。

一九四四年末，二戰接近尾聲。各個主要國家領導者考慮的重點已經不在彈火紛飛的戰場，而是如何重新規劃戰後世界格局。政治家們都清楚，雖然美國和蘇聯是並肩作戰的盟友，但在新的世界格局中，這兩個國家的關係很可能有所改變。有些人主張，應該維持和蘇聯的友誼，但另一些人認為，由於蘇聯的意識形態和政治體制，如此強大的國家必將成為美國的敵人。納爾遜同意後一種觀點，還加上了自己的看法：中國將會在美蘇之爭中，占據極為重要的位置。

為了做好開創新世界格局的準備，納爾遜於一九四五年二月至三月在墨西哥名城查普爾特佩克堡舉行了美洲國際會議。這次會議聲勢浩大而氣派豪華，顯然是洛克菲勒大家族的作風。其中，美國代表團是該國曾參加國際會議的團體中最大的一支，除了斯特蒂紐斯和納爾遜之外，還有三十三名顧問、六名特別助理和二十二名技術官員，再加上翻譯、報界人士、速記員和辦事員，總共有一〇七人。如此大的排場，惹得國務卿斯特蒂紐斯相當不滿。在隨後的會議中，各國簽訂了查普爾特佩克公約，但這個公約卻沒有獲得美國代表團內部的共同支持。在代表團內部，不少人認為這一公約的內容，與未來全世界成立解決爭端、維護和平組織的想法相違背。對此納爾遜評論說：「我們現在首先需要的不是原則，而是安全。」他的這種看法，為自己在代表團內部樹敵甚多，有人甚至因為反對他的觀點而提出辭職。納爾遜聽說以後，也只是聳聳肩，表示難以理解。

在這次會議上，納爾遜發現，由於一直表現出支持納粹的傾向，阿根廷的貝隆政府很可能被美洲各國排擠在戰勝國之外，甚至無法加入聯合國。納爾遜深信，這樣一個南美大國被周圍國家所隔離，對美國利益而言毫無益處。為了一勞永逸地解決問題，納爾遜想到了羅斯福總統。他知道，現在最需要的是這位偉大人物的批准。會議結束之後，他立刻趕回了華盛頓，並約定了三月十六日拜見總統。讓納爾遜吃驚的是，此時坐在橢圓形辦公室的羅斯福，面色蒼白而憔悴。僅僅兩個月不見，他的身體狀況就迅速惡化了。羅斯福看起來相當虛弱，只是雙眼內還在燃燒著生命之火。

儘管如此，當納爾遜開始彙報會議中所發生的一切時，羅斯福依然表現出相當的關注。當他說到阿根廷問題時，羅斯福還表現出相當大的興趣。在談話的最後，納爾遜拿出有關阿根廷貝隆政府的備忘錄，交給羅斯福，羅斯福稍作瀏覽，就草草簽下「同意，羅斯福」。他隨後簡單地闡述了西半球的重要性，之後就顯得筋疲力竭，納爾遜立即表示了感謝並很快離開。

第二天晚上，納爾遜夫婦與其他十六名賓客在白宮參加了總統夫婦結婚四十周年的慶祝典禮。晚會在十一點就結束了，羅斯福說，他打算睡到第二天中午。這天晚上，是納爾遜最後一次見到總統。雖然納爾遜蒙受了「趁總統病重騙取同意」的指責，但他依然在此後抵抗住強大的壓力，積極奔走於各方，致力於幫助阿根廷貝隆政府獲得同盟國的承認，並准這個國家參加聯合國會議。他說，自己相信貝隆對軸心國的宣戰是真誠的，而並非走走形式。同時，他也說到阿根廷和西半球其他國家將產生新的關係。

四月九日，美國政府終於做出聲明，表示將要恢復與阿根廷的正常外交關係。三天後，羅斯福在喬治亞州的溫泉城於昏迷中溘然長逝。

與整個美國一樣，納爾遜陷入了悲痛之中。他的痛苦不僅來自於國家失去了這樣偉大的統帥，同時也基於個人情感。羅斯福是他的導師和楷模，在總統身上，納爾遜學習到了政治家的經驗，領略到成功者的魅力。雖然羅斯福和他共度的時光很少，但在納爾遜的一生中，除了父親小洛克菲勒，還從沒有任何人能夠像羅斯福這樣，對他產生如此深刻的影響。

羅斯福的去世，也讓納爾遜的政治生涯陷入坎坷。新總統杜魯門並不欣賞納爾遜，很快否決了他關於阿根廷事務的備忘錄。事實上，從今天看來，此時的納爾遜的確還不夠成熟，他過於關注「大美洲」這個抽象概念，為了維護美洲的統一，他寧願對貝隆政府的所作所為視而不見，並對對方有關合作與改革的承諾毫不保留地加以接受。但在殘酷的戰爭尚未結束之時，美國人很難接受本國所處半球上的獨裁統治，這種價值觀上的否決力量，卻沒有打動納爾遜，他反而過於執拗。以至於當助手建議他不能做某些事時，納爾遜當場垂下雙目，以冷漠無情的姿態生硬地說道：「我不想聽你說我不能做這件事，我需要你告訴我如何去做。」

納爾遜最終為自己的固執和熱情付出了代價。

八月二十三日上午，他剛走進新任國務卿詹姆斯・貝爾納斯辦公室大門，對方就直截了當地說：「納爾遜先生，坦白講，我們不用再談了。總統將接受你的辭呈。」

納爾遜愣了一愣，隨即有些激動地說道：「可是我並沒有打算辭職。拉丁美洲對美國的安全和利益都太重要了。我還沒有完成我的工作。我要見總統！」

杜魯門的答覆，與貝爾納斯完全相同。納爾遜憤憤不平地說：「他居然撤了我的職務！」他在華盛頓的第一次政治生涯，就此戛然而止。

—第九章—

「五騎士」名揚寰球

（一九五三—一九七二年）

二次起落

納爾遜從不輕易承認失敗，撤職對他的打擊不過只有數小時。第二天，他就在紐約的家中將下屬再次聚集起來開會，討論的結果是，納爾遜將自行設立一個非營利的基金會，取名為「美洲國際經濟和社會發展聯合會」。這個聯合會將無償地為委內瑞拉的經濟和技術發展提供援助，當然，這些錢實際上來自於石油利潤。正如納爾遜所說：「我自己來做，沒有人能擋得住我。」

兩年之後，納爾遜聽從了法律顧問的建議，在這個機構下又增設了國際基本經濟公司，既謀求商業利潤，也從事宣傳。透過類似機構，納爾遜繼續在拉丁美洲發揮影響力，這也得益於他擔任拉丁美洲事務協調官時，與各國政府建立了緊密的合作關係。因此，即便他此時已經被杜魯門免職許久，但依然是美國對拉美政策的「關鍵先生」。

一九四八年，杜魯門再次當選為總統。此時，納爾遜已經走出白宮三年了，他逐漸發現，以民間身份活動雖然自由，但卻缺乏充分的權力資源。因此，他始終在尋找機會回到政府。在杜魯門的就職演說中，納爾遜高興地聽到了「第四點計畫」部分，即向其他國家提供技術和發展援助的計畫。雖然他已經有三年半時間沒有和總統接觸，但他還是向杜魯門寫了長信，盛讚這一計畫。他說：「最近幾十年中，美國政策中最偉大的貢獻就是這個計畫，僅憑這一點，就能讓您名垂史冊，因為您為美國的光明前景奠定了最為堅實的基礎。」據說，杜魯門讀完信，笑著對祕書說：「納爾遜・洛克菲勒看起來耐不住寂寞了，不過白宮不是他想回來就可以回來的。」

兩年之後，一九五〇年十一月，杜魯門還是任命了納爾遜擔任國際開發諮詢委員會的主席，專門負責為執行「第四點計畫」提供建議。納爾遜非常興奮，他看到了政治上東山再起的機會。在去白宮面見總統、接受任命的時候，他又抓住機會提出要求，他說，如果援助計畫的範圍只限於技術領域，而不包括對低開發世界的援助，顯然會讓計畫效果大打折扣。杜魯門明白，納爾遜這是在要權，但他也同意這一觀點，並答應了他的要求。

五個月之後，國際開發諮詢委員會發表了專題報告，強調私人資本對經濟發展的關鍵作用。納爾遜在其中提出更為明確的建議，即將一切海外經濟活動集中在美國海外經濟總署中，由署長主持並直接向總統彙報。

但是，這一建議立刻遭到了外交政策權威人士艾夫里爾・哈里曼的反對，因為所謂美國海外經濟總署的建立，將會取代他所主持的經濟合作署。哈里曼直接對納爾遜說：「我認為，華盛頓裝不下這麼多五花八門的機構。」他甚至尖刻地說：「華盛頓需要的是為美國利益服務的高效辦事機構，不能為了某些人想要出人頭地，就隨便安置些掛名的閒差。」納爾遜毫不示弱地反擊：「先生，這並不是什麼閒差，美國為了維護自身利益，正需要這個。」

不久之後，納爾遜聽說計畫被擱置，對此他並不感到奇怪，而是決定立刻經由其他管道推銷計畫。恰好，眾議院外交委員會在考慮制定互助安全法案，邀請納爾遜去作證，他在那裡拿出了一份聲明，為技術援助提出強有力的論據，並在結束發言時強烈呼籲立即成立海外經濟總署以組織私人投資。眾議員們當場表示贊成這項計畫。

但是，事實再一次無情地打擊了納爾遜。眾議院的積極反應，並沒有對白宮產生多大推動力，他的計畫可謂全盤失敗了。面對這一結局，國際開發諮詢委員會主席的職位已經沒有什麼意義，他再一次來到白宮，主動遞交辭呈。

當他來到白宮門前時，哈里曼正好走出來。納爾遜走上前去，有禮貌地與他握手，並審慎地說道：「我正要進去，呈遞有關諮詢委員會主席一職的辭呈。」

哈里曼有些驚訝：「啊？不可能辭職吧，這個工作才剛開始啊！」

納爾遜明白對方的心情，他只是笑了笑，丟下一句：「可是它應該結束了。」然後走進了白宮。

如料想的那樣，杜魯門並沒有挽留他，納爾遜的第二次政治生涯結束了。這次，他坦然平靜地接受了一切。過往的那些經歷已經讓他變得更加成熟，納爾遜知道，為了實現自己所追逐的目標，未來還有更長的路需要面對。

幕後的操縱者

一九五一年十月，不再與杜魯門政府有任何牽連的納爾遜，來到約克・惠特尼在曼哈頓的寓所參加一次重要的會議：艾森豪競選的籌備會議。

朝鮮戰爭爆發之後，惠特尼始終以幕後操縱者的身份出現在紐約州共和黨政治圈內，資助中間派候選人並鼓勵共和黨內的激進主義思想。不過，惠特尼的政治支持，就像資本機構的投資，總是有著精密的選擇，而一旦認定選擇之後，就會持續而有效。

現在，惠特尼正在組織一場重要的政治活動：動員艾森豪將軍參選總統。他們派出艾森豪曾經的下屬去巴黎遊說他，艾森豪最終只能表示願意接受共和黨的提名。

此前，納爾遜在共和黨事務中只能扮演無足輕重的角色，除了曾經捐贈過幾千美元之外，他對共和黨缺乏興趣。因為作為羅斯福和杜魯門曾經的手下，他不能和在野黨有太多聯繫，但另一方面，他又不願意拋棄家族原本的政治根基。但是，現在的局面已經完全逆轉了，由於杜魯門政府在朝鮮泥潭深陷，民主黨主宰白宮二十年的局面很可能要被打破。

這次籌備會議後，納爾遜發現自己反擊杜魯門的機會終於到來。不用說，他對杜魯門隨意處置他的「第四點計畫」報告依然耿耿於懷。在一次演講中，他抨擊政府將哈里曼「共同安全機構」的軍事援助和經濟合作聯繫在一起，將之描述為「災難性行為」。

受到總統競選運動的吸引，納爾遜急於走出幕後，站到前臺。然而，由於共和黨內部的安排，納爾遜至少三次試圖加入艾森豪競選團隊，每次都被紐約州回絕了。這樣的冷遇，讓他非常懊惱，脾氣也變得很壞，總是鬱鬱寡歡、情緒不佳。但在參加共和黨聚會時，他卻一反常態，變得謙卑低調，在熟悉他的人看來，這實在有些反常。

然而，當艾森豪順利入主白宮後，他還是給納爾遜發了回函，表明了真誠的謝意。納爾遜受到了鼓舞，他馬上安排智囊團中的經濟學家，要求他們圍繞新政府所面臨的預算問題準備一份備忘錄，送給新總統。

一九五二年十一月三十日，白宮終於決定了納爾遜的工作問題。艾森豪任命他擔任政府機構委員會主席。委員會內還有艾森豪的弟弟密爾頓、賓夕法尼亞州立大學校長亞瑟・弗萊明頓，他們的工作是研究行政部門的結構和運作情況，並就此提出建議。白宮、內閣和所有附屬機構，都在這個委員會的視野和工作範圍。

對納爾遜而言，這樣的任命不僅只是安慰，更顯現出新的希望。這一職位雖然不是內閣職務，也不是白宮人員，但在組建新政府的過程中卻發揮著關鍵作用，直接接觸新總統的機會，也讓許多人感到羨慕。他的幕僚阿道夫・波爾立刻向他指出：「二等的職位會讓你受到太多限制，一等的職位又要被反對派攻擊。這個位置才是最好的。」

新聞媒體也嗅出了任命背後的意味。《新聞週刊》評論說：「這個位置對於洛克菲勒不是最終目的，只是達到更高點的跳板。」這相當貼近事實，因為在接到正式任命之前，納爾遜的委員會同僚已經起草了該機構的主要職能：這一委員會將集中各種思想，為總統提供材料並取得國會支援，同時將尤其注意吸取以往教訓，時刻避免引人注意。

委員會開始運行之後，納爾遜得知總統希望在白宮建立一個以總統助理為首的強大軍事化指揮機構，他立刻帶領委員會規劃了相似的藍圖，此後，一個極為強大的白宮辦公室主任領導模式建立起來。同時，納爾遜還想方設法確保衛生、教育和社會安全等領域部門在新政府方案中的優先地位。

最困難的，是如何處理外交事務問題。納爾遜很清楚，主管外交的約翰・杜勒斯性格火爆、態度防範，他不會同意讓人削弱他的外交大權，不過，他也願意接受能夠讓他擺脫繁重雜務和公共關係的安排。

很快，納爾遜就率領委員會成員制訂出能夠部分滿足杜勒斯要求的方案，並巧妙地將杜勒斯的願望傳遞給艾森豪總統。納爾遜對總統說，國務卿希望減輕工作負擔以便集中精力制訂政策。

此後，兩個獨立的內部機構誕生了：美國新聞署將接替國務院原有的新聞職能，對外經濟工作署則負責美國和世界各國之間的經濟和金融關係。在備忘錄中，委員會這樣寫道：「當這些變革生效時，我們就能夠看到它們減輕國務卿的政務負擔，使其能夠更好地致力於制訂有效而長遠的外交政策。」

實際上，納爾遜的願望也與杜勒斯的願望一起實現了。透過對外經濟工作署，他成功地將曾經被杜魯門摒棄的計畫，推到了新總統政府工作的前面。更為可喜的是，這樣的推動獲得了杜勒斯的首肯。

一九五三年一月二十日，艾森豪宣誓就任。納爾遜領導的政府機構委員會，有了新的名稱：總統政府機構顧問，並屬於總統行政辦公室的一部分。納爾遜在離開白宮七年半之後，再次回到了緊靠白宮的國務院大樓，現在人們稱它為行政辦公樓。

在新的崗位上，納爾遜雷厲風行，常常開會，工作迅速，經常能看到他和幕僚們穿著襯衫坐在一起，邊吃午餐邊討論問題。在這樣的領導節奏下，幾乎每個週末，委員會從上到下都在工作。委員會的工作氣氛甚至波及到白宮，二月中旬的一個週日，納爾遜將總統、副總統、白宮辦公室主任和全體內閣成員請來，聽他彙報最新的政府機構改組計畫。這讓喜歡休閒娛樂的艾森豪也受不了，他隨後提出建議，應該「避免在週末召開大量內閣成員參加的會議」。

二月十八日，委員會辦公室更加忙碌，納爾遜接受了來自國防部的委託，研究該部門總體架構及其同各軍兵種的關係。此時的國防部，上下級指揮體系頗為含混不清，發生對抗的一方是國防部部長及其文職下屬、各軍兵種，另一方則是參謀長聯席會議領導下的軍事上層建築。這種內部對抗逐漸演變成微妙的政治競爭，再加上核武器時代下各軍兵種之間的競爭，讓不少人呼籲進行各軍兵種的合併。

納爾遜深知，艾森豪作為軍人，對現行指揮體系的優缺點瞭若指掌，這讓他和下屬們產生了巨大壓力。為了消除潛在的批評，納爾遜特意邀請三位軍中元老擔任改組顧問：陸軍上將喬治・馬歇爾、前海軍作戰部長賈斯特・尼米茲，前空軍參謀長卡爾・思博茲。他相信，有這三位元老的參與，能夠最大程度地壓制反對聲音。

幾番談判之後，納爾遜拿出了穩健的改革方案：確認國防部部長的最高權力，加強三個軍中文職部長的權力，取消各軍兵種參謀長的指揮權，便於他們集中精力思考戰略。不過，委員會也沒有明確要求各軍兵種合併。

四月，艾森豪聽取了納爾遜的彙報，並表明了滿意態度。隨後，國會認可了國防部的改組計畫。

至此，納爾遜與其政府機構委員會的工作任務告一段落。但艾森豪並不同意他的離職，而是親自寫信勸他保留現有職位。一九五三年五月，由於深知納爾遜不甘寂寞，總統又將他調入衛生教育福利部，擔任副部長職位。

納爾遜一進入新的工作環境，就展現出他的個性特點。他覺得自己的會議室太小，便自己掏錢進行改造，將之改造成多媒體展示中心，轉在滾輪架子上的圖表，能夠從隔壁房間改建的操作區中被隨時安裝好，然後推到會議中加以展示。這些花費讓部裡的官員們感到震驚，有人抱怨說，這個部門從來不這樣花錢，但納爾遜只是我行我素。

另一方面，納爾遜總是親自挑選工作人員，而且其中很多都是才貌俱佳的女性。當記者直率地問到這一點時，納爾遜說：「我從不喜歡男助手，他們有時會產生嫉妒心理，或者與公司其他員工合謀……我想，一個聰明、年輕、迷人的女性，能夠為我做事，而且不會惹是生非。」

新任副部長的工作並不好做，女部長霍比將新老替換這一任務，交給了納爾遜。由於民主黨占據權力中樞已經二十年，共和黨執政之後，必然要實現從上到下的「大換血」。納爾遜準確地把握到了問題的關鍵，在各方犬牙交錯的勢力矛盾中逐一解決了困難，最終完美地實現了平衡。此外，他在這裡工作的第一年中，還說服國會增加了政府對職業再培訓的撥款，而他的手段也相當商業化。過去，職業官員們只懂得起草一封公文送到國會，但納爾遜手下的工作人員，必須花大量時間準備並繪製詳細圖表，再同國會的小組委員會主席們商討，最終實現目標。正如該部一位官員所說：「他在協調相衝突的觀點時真是個天才。」

作為一名社會事務的戰略規劃者，納爾遜雖然才華橫溢，但卻註定要面對時代帶來的挫折和磨難。一九五四年，他雄心勃勃地提出了全國健康保險計畫，但由於既得利益者的反對力量過於強大，他的計畫最終失敗了。直到二〇〇九年，歐巴馬總統的醫改計畫，才在國會真正得到通過。

亞洲公使

當納爾遜在其政治生涯中起起落落時，小洛克菲勒的其他四個兒子，也在書寫著各自的人生傳奇。小洛克菲勒的長子，稱約翰．洛克菲勒三世，出生於一九〇六年。從兒時起，他就和全家住在曼哈頓區第五十四大街的新建樓房裡，與祖父的住房毗鄰。在這幢九層高的高樓中，六個孩子幸福地度過了少年時代和青春歲月。

作為長子，約翰從小受到的教育相當嚴厲。小洛克菲勒繼承了家族嚴格教育的傳統，從各方面去鍛鍊他。約翰深知，任何反抗都是不可想像的，既然自己是「皇儲」，就只能循規蹈矩，不能考慮職業是否符合利益和興趣，而是要等著走上早已被規劃好的人生道路。

從少年時代開始，約翰就嚴肅認真、敏感內向，他相當早熟，深知自己承擔著姓氏的重擔。因此，他學習非常努力，先是進了白朗寧學校，後來又從康乃狄克州的一所盧米思寄宿學校畢業。一九二九年，他從普林斯頓大學畢業，一九三二年，他和布蘭奇特．胡克結婚，布蘭奇特的母親是費里種子公司的產權繼承人，父親則是著名工程師，曾經擔任胡克電子化學公司總經理。

大學畢業後，約翰曾經作為父親的代表，去日本參加了太平洋關係學會的會議。隨後，他又做了一次環球旅行。回國後，他進入父親的公司，想要找到可以充分發揮長處的工作領域。

然而，小洛克菲勒早已斷定，這位非常聽話的長子，最適合繼承他的慈善事業。到一九三一年，約翰已經成為洛克菲勒基金會、普通教育委員會、洛克菲勒學會、中國醫學會和其他總共三十三個不同理事會或委員會的理事。

二戰爆發後，約翰終於有機會在他的人生中第一次擺脫父親的控制。一九四二年，他躊躇滿志地加入海軍，直到一九四六年才回到家族事務中。在這段時間內，他開始將遠東看作能在平衡世界力量中發揮重要作用的地區。因此，他最初在海軍人事局工作，後來又被調入協調海軍部、陸軍部和國務院事務的委員會工作，此後，又成為海軍部副部長的遠東事務特別助理。

一九四九年，隨著蘇聯核子試驗，美國政府開始調整其亞洲政策，將日本作為亞洲政策的戰略重心。為此，美日兩國即將簽訂和平條約。國務卿艾奇遜任命約翰•杜勒斯作為談判使者前往日本，杜勒斯則邀請約翰和他一道前往。

杜勒斯與約翰是老朋友，杜勒斯喜歡約翰，但不太信任他的弟弟納爾遜。這很可能是因為約翰自律嚴格、個性嚴謹，而後者天生好鬥又鋒芒畢露。更重要的是，杜勒斯認為，約翰這樣的人具有極大潛力，他能夠將文化事業和慈善事業的優勢，充分運用在談判過程中。

一九五一年，約翰被派往日本。在日本，約翰組織了自己的工作團隊，並花了幾週時間，和日本全國的政治文化精英們進行交流。回到美國後，他與國務院的一個專家團隊共同草擬出報告，在這份長達八十八頁的文件中，約翰建議架設兩國的文化橋梁：交換大學生和教授；設立美日文化中心；兩國高層不斷互訪等等。

提交報告後不久，約翰被邀請出任美日協會的新任會長。這個協會是美國民間組織中最大的對日交流機構，成立於一九〇七年，戰時曾中止活動，此時又東山再起。出任美日協會會長後，在此後的二十年內，約翰為美日關係做了大量工作，包括接待外事訪問活動、與赴美的日本工商界精英和政界人士積極交流。

與此同時，基於對亞洲的瞭解，約翰認定低開發國家的穩定和經濟發展，必須有賴於嬰兒的出生率。他進一步認為，美國對人口問題的研究必須加強，使之能成為向外輸出的科學技術。

一九五二年十一月，在約翰的領導下，成立了一家名為「人口協會」的新組織。約翰親自擔任理事長，並為第一年預算捐助了二十五萬美元。在隨後的幾年中，人口協會向大學和研究會捐獻助學金，並將少數幾個學者的研究工作擴大為正規的學術性學科。到第一個十年之後，人口問題成為美國外交政策的組成部分，此時，協會的全年預算已經從首年增長至六十倍，這一千五百萬美元的預算來自洛克菲勒基金會、福特基金會和美國政府。毫無疑問，約翰・洛克菲勒三世，成為當代節育運動的核心人物，《紐約客》雜誌也因此為他起了個讚美性綽號：亞洲先生。

一九五三年，約翰四十七歲。艾森豪的白宮辦公室主任謝爾曼・亞當斯打電話給他，請他出任美國駐印尼的大使。與弟弟納爾遜不同，他婉拒了政府的邀請，他篤信父親小洛克菲勒的準則：洛克菲勒家的人，理應是超越黨派、公職和政治的。

儘管並沒有接受公職，但約翰對自己的任務始終抱有熱情。他幾乎每年都會去遠東旅行，還會在幾個月內走訪幾十個國家。曾經隨他出行的記者回憶起旅途勞頓時，也感嘆說那段經歷是非常鍛鍊人的考驗。

在二十世紀五〇年代接近尾聲時，約翰已經完全從家族事務的束縛中擺脫出來，致力於他眼中為人類謀求福祉的重要工作。

致力於環境保護

勞倫斯・洛克菲勒出生於一九一〇年。從個性上看，他介於長兄約翰和次兄納爾遜之間。他做事很有條理，喜歡冒險的同時又愛好鑽研，牢記小洛克菲勒有關等待和忍耐的教誨。

成年後，勞倫斯和納爾遜最為投緣，他們關係密切。在繼約翰進入普林斯頓大學之後，勞倫斯也被這所學校錄取，主修哲學。勞倫斯在校時，總是不斷充實自己。畢業之後，他眼看著兩位兄長都已在事業上有所成就，自己也感受到內心激情的召喚。

一九三四年，勞倫斯和同學的妹妹結婚，兩個人定居紐約，勞倫斯進入家族位於廣播大廈五六〇〇室的洛克菲勒中心工作。在大通銀行學習了幾個月的業務後，他加入了洛克菲勒中心的董事會。這段時間內，他明確了自己未來的事業應該避免與家族事業發生競爭，以免個人和家族的利益發生衝突。

從一九三七年到一九三九年，勞倫斯開創了自己的事業。他先是與朋友創辦了傢俱進口與銷售公司，隨後又加入了美國東方航空公司，並最終成為其最大股東，還加入了麥克唐納噴氣式戰鬥機公司，並幫助這家公司和政府簽訂了購銷合約。

二戰中，勞倫斯被任命為海軍上尉，駐紮在聖路易斯。戰爭時期，他代表航空局，不斷視察西海岸的巡邏機裝配線。利用這一優勢地位，他為麥克唐納公司一類的企業提供了應有的便利。

一九五八年，艾森豪任命勞倫斯為「戶外遊樂資源和考察委員會」主席。勞倫斯意識到，透過這個職務，自己可以從企業家轉型為自然資源保護者，甚至能夠成為更高層次的社會活動家。他在華盛頓花了不少時間結識議會領袖、自然環境保護者、各界名人、企業巨頭，這樣，委員會的工作就和他的人脈圈子相輔相成、共同發展。

在三年的工作中，勞倫斯從自己的兩家資源保護組織中抽調人員，協助該委員會的工作。到一九六二年，他向甘迺迪總統呈交了厚厚的報告。

透過在該委員會的工作，勞倫斯成為兼顧企業利益和環境保護的人物。他宣揚關心自然資源的觀點，並積極消除企業巨頭的顧慮。工商界領袖們接受了他的觀點，認為他既是洛克菲勒家族的人，又是保護自然資源方面公共利益的代言人。新總統林登・詹森上任後，也任命勞倫斯為保護風景區的專家團隊成員，隨後，勞倫斯成為白宮有關環境事務的顧問。

從此開始，勞倫斯步步高升，成為詹森總統在環保方面的私人顧問，並進入了可以影響國家政策的上層圈子，還曾一度被提名為未來內政部長的候選人。

對於環保，勞倫斯堅持平衡的觀點。在他看來，環保與發展猶如數學方程式的兩端，一端關係著人類與自然和諧共處，另一端則是就業、生產增長、經濟發展和企業利潤。他為自己確定的任務目標，就是努力讓兩端保持平衡。

一九五七年，勞倫斯決定捐獻土地，成立維京群島國家公園。勞倫斯和弟弟大衛在維京群島中的聖克魯耶斯島上擁有四千英畝的共同財產。這塊土地的價值需要被開發，而勞倫斯想將之與環境保護結合起來。在維京群島國家公園成立的同時，他所開發的卡尼爾灣遊覽風景區也於同一天開放。這塊土地的價值通過環保和旅遊事業，得到了總體增值。

在波多黎各，勞倫斯開發了多拉多海濱別墅區，其中每幢別墅占地一英畝，共同朝向富麗堂皇的高爾夫球場。此外，勞倫斯還新建了海濱飯店，那裡賭場林立，夜生活紙醉金迷，吸引了許多富人前來度假。

到了一九六五年，勞倫斯除了在維京群島和波多黎各持有地產之外，還是英屬維京群島療養地的老闆，在黃石公園還有兩座大旅館，在莫納克亞山，他還有一幢海灘飯店。

一九六六年，勞倫斯籌建了諾克旅遊公司，負責經營管理他所有的旅遊事業。經由這家公司，勞倫斯促使旗下的旅遊事業不斷現代化，收穫了豐厚的利潤，並繼續將其中部分投入到環保事業中。一九六八年，在尼克森競選總統運動中，勞倫斯果斷提供了一大筆捐贈，新政府上臺後，他被任命為聯邦政府環境品質使命諮詢委員會主席，這個委員會就是原「戶外遊樂資源和考察委員會」的翻版，只不過改變了名稱。

在尼克森當政期間，勞倫斯・洛克菲勒享有盛譽，這也是他在政壇上最風光的時刻。從二十世紀七〇年代起，美國環境保護主義論被廣泛接受，生態學成為美國公眾關注的主題，環保團隊在美國如同雨後春筍，不斷出現。此時，勞倫斯顯得進退兩難，他無法和那些走上街頭的環保鬥士站在一起大聲疾呼，只能退居環保二線，全力支持核能的運用。

從二十世紀六〇年代開始，勞倫斯就聯合洛克菲勒家族其他成員，以及包括現代藝術館在內的部分家族機構，成立了專門從事風險投資的凡諾克風險投資公司。勞倫斯數十年的從商經驗，保證了他靈活的頭腦、與時俱進的態度，在他的領導下，凡諾克風險投資公司支持了近三百家創業公司，其中包括蘋果公司和全美最大的晶片公司英特爾集團。

逆勢而行的兄弟

文斯洛普，是小洛克菲勒家的第四個兒子。他出生於一九一二年，童年時期，他顯得相當老實，經常受到納爾遜和勞倫斯的欺負。兩個兄長經常二對一地將他打翻在地，惹得他大發脾氣。

文斯洛普的家庭地位相當尷尬，他的小弟弟大衛聰明伶俐，深得父母喜愛，他的三個兄長相當早熟，又事業有成。因此，他在家庭中應得的地位，全都被排擠掉了。這種不利的情況逐漸演變成惡性循環：家裡人越是無視他，他的處境就越困難，進而就越是失去家族地位。這導致他始終將自己看成局外人，終其一生，他並沒有成為真正意義上的「洛克菲勒」。

雖然在家庭中和兄弟們關係不佳，但文斯洛普在林肯學校卻與其他孩子關係良好，他彬彬有禮、和藹可親，只是學習成績很差。小洛克菲勒認為這個兒子需要更嚴格的管教環境，於是將他送到盧米思寄宿學校去。文斯洛普在那裡讀完了高中最後一年，這讓母親艾比多少感到安慰。

在家庭教師的輔導下和一個暑假的艱苦努力後（更重要的是父親的關係），文斯洛普居然進入了耶魯大學。然而，當他遠離了家庭的監督，又開始放任自流，例如，他接連幾個星期都不記帳，而這是家族中每個人都從祖父那裡秉承的傳統。到大學二年級時，他發現需要讓父親審核帳本才能領取生活費用，才感到恐慌不已。有一次，他甚至萌生邪念，企圖偷室友的錢去平衡收支。最終，他哀求大姐艾比的支援，借了一筆錢來應付父親的盤查。這筆錢他後來足足攢了三年才還清。

由於成績太差，文斯洛普在耶魯大學留了一級，後來，家裡終於認清他無法繼續讀下去的現實。一九三六年，小洛克菲勒失望之餘，決定讓文斯洛普去標準石油在德克薩斯州一家規模極大的子公司——亨布林煉油公司工作。就這樣，文斯洛普成為家族中的第一個「平民」。

剛進公司時，文斯洛普擔任油井實習工。工人們懷疑，這個洛克菲勒家族的四公子是上面專門派來監視他們的，於是，有人排擠他，有人甚至威脅要他的命。小洛克菲勒聽說後心急如焚，想要給他雇個保鏢，文斯洛普卻安之若素。他向同事們解釋說，石油公司可不會派姓洛克菲勒的人來當密探，同時，他又花費一美元，從警察局領取了私人佩槍許可證。工人們雖然慢慢地不再懷疑他，但還是找機會捉弄他，想盡辦法考驗他的耐心。幸運的是，文斯洛普有著充分的忍耐力，他通過了同事們的考驗，在工作中有著良好表現。在油田工作的一年中，他做過地球物理勘探工、煉油工、石油精煉工和油管安裝工。到一年結束時，他幾乎在石油生產的不同崗位都實習了一遍，同事們也從接受他到喜歡和尊敬他，親暱地稱他為「洛克」。

在油田，文斯洛普獲得了充足的自信心，因為在這裡，沒有人會根據家族的實力評價一個人，所有的尊重都來自個人的工作成果。文斯洛普體驗到了前所未有的樂趣，因此也將這一年看成是生命中最美好、最難忘的黃金時段。

不過，做一名優秀的石油工人，絕不可能是洛克菲勒家族成員的終身大事。一年工作屆滿之後，文斯洛普被小洛克菲勒召回紐約，隨即被安排進入大通銀行做實習生。在另一家石油公司，已有職位在等著他。

一九三七年，文斯洛普在隨同納爾遜等人考察委內瑞拉油田歸來後，在索可尼真空石油公司的外貿部門任職，還擔任了大紐約基金會的副主席，並因此在洛克菲勒家族的慈善事業中承擔了自己的義務。他努力讓自己融入周圍環境，但想要獲得精英們的尊敬並不容易，尤其是他在油田裡沾染上了酗酒的惡習，引得不少記者追蹤報導，這讓他的父親感到煩惱。

一九四一年，文斯洛普為自己找到了更好的環境。他選擇加入美軍，成為陸軍二等兵。文斯洛普天生喜歡軍隊裡的民主精神，他憑藉個人能力，從二等兵被逐級提拔為中士、中尉。他參加了太平洋戰役，帶領步兵在關島、萊特島和沖繩島的叢林中作戰。在沖繩，他還負了輕傷。戰後，他以陸軍中校軍銜退役，獲得了國防部頒發的紫綬銅心勛章。文斯洛普經歷了戰火洗禮，終於變得成熟起來。他決心忘記自己是家族中的「異類」，去走新的道路，去做一番事業。

一九五五年，文斯洛普被阿肯色州州長奧瓦爾・福布斯任命為該州工業發展委員會主席。福布斯特希望他能夠為自己的執政服務，文斯洛普也有機會為解決該州的失業問題而大顯身手。當時，棉花種植的機械化讓大批農業工人失業，該州僅有的一些工業，例如服裝、伐木和傢俱製造業，又相當不發達，過低的員工工薪導致熟練勞動力缺乏，整體人口也在外流。除了密西西比州外，它是全國按州人口算，平均收入最低的地區。

文斯洛普非常喜歡他的新事業，其中最重要的原因在於，這不是父親或家族強加給他的責任，而且這裡的環境也不會產生什麼固定的標準來衡量其業績。相反，由於州財政緊張，無法撥出多少經費給工業發展委員會，文斯洛普便需要自掏腰包。為了聘請勞倫斯・洛克菲勒推薦的經理人員，文斯洛普自己拿出八千美元，補足他們的薪金。而這兩位企業經營專家果然表現出色，第一年內，他們就在阿肯色州新建了七十三家工廠，增加了七千多個新的工作崗位。與此同時，文斯洛普建立了文洛克企業公司，這家投資公司擁有數百萬美元的股本，經營農業、製造塑膠管並興建居民住宅，其中的示範性項目主要是為了吸引外來投資，體現阿肯色州優惠的賦稅政策。

正是在這一年，文斯洛普成立了文洛克基金會以從事慈善事業。與紐約州的情況完全不同，在阿肯色這個相對閉塞的地區，即便只是投入幾筆相對較小的資金，也很容易產生巨大的社會影響和經濟效益。對文斯洛普而言，雖然紐約州的繁華、華盛頓的莊嚴他無法觸及，但在阿肯色州這樣的廣闊天地中，他確實能夠任意馳騁而大有作為。隨著他的努力工作，這位曾經不被看好的「洛克菲勒」，儼然成為州長候選人的最佳提名者。他領導工業發展委員會取得的成績有目共睹，而基金會所主導的慈善事業更是口碑甚佳。因此，州長這個位置與他也只有一步之遙。

一九六一年，文斯洛普順利當選為共和黨全國委員會委員，他就此踏上新的政治征途。為了競選州長，他開始在全州四處旅行、宣傳、做活動。儘管阿肯色州的民主黨勢力強大，但他還是像當年在太平洋戰場上那樣發起了衝擊。面對自己一手提拔的洛克菲勒家族四公子，老州長福布斯知道文斯洛普對整個州的經濟發展做出了積極貢獻，但他開始利用文斯洛普的出身和民權問題大做文章。他說，文斯洛普曾經在全國有色人種學會發表過演講，而且擁有眾多黑人朋友。這其實是在向民眾做出暗示，表示他這樣的人如果從政，是靠不住、不值得信賴的。

第一次州長競選的結果顯示，儘管文斯洛普失敗了，但他獲得了四三%的選票。這個戰績對於初入政壇者而言，已經相當不錯。文斯洛普的支持團隊放下心來，他們確定，文斯洛普完全能夠投入到下一屆的競選中並取得勝利。

一九六六年，文斯洛普・洛克菲勒終於得償所願，他以五七%的選票，擊敗了咄咄逼人的詹姆斯・詹森，成為南北戰爭之後阿肯色州的第一任共和黨人州長。對此，文斯洛普感到很興奮，在他看來，這不僅僅是政治上的一次突破，同時也是其個人畢生事業的重要勝利。

然而，想要在阿肯色州政壇上取得穩固地位，並非贏得選票就可以，必須要推行銳意進取的立法計畫。但在一百三十五名州議員中，共和黨人只有三名，再加上文斯洛普設想的立法計畫過於理想化而總是脫離實際，導致他提出的所有想法都難以打動議員、形成實際變革。

一九六九年，雖然文斯洛普再次成為阿肯色州州長，但他所獲得的選票已經大為下降。在州議會中，共和黨的勢力並沒有什麼增長，周圍人也對他產生了不佳印象，認為他只在乎被選為州長，而不是真正踏實地做好服務。那些曾經困擾他的酗酒傳聞，又開始在媒體上悄然出現。在這樣的工作中，文斯洛普重新感受到失敗的滋味。在他的一生中，似乎總是有種無形的力量，在阻礙他獲取理想中的成功。在第二次州長任上，每逢提出的法案遭到議會的反對或否決，又或者碰到令人棘手的難題時，他就會驀然從幸福美夢中驚醒，整個人陷入無邊無際的沮喪中。

由於追逐政治成功而不可得，文斯洛普的情緒越來越不安，他和妻子之間的關係也日漸緊張。一九六九年，兩人離婚收場。儘管家庭生活出現裂痕，政治事業又每況越下，文斯洛普還是執意要加入一九七一年的州長選舉，衝擊他的第三任期。對此，阿肯色州民主黨派推出了年輕的溫和派候選人戴爾・邦布斯。邦布斯和之前那些帶有種族歧視觀點的保守分子不同，他懂得如何獲取選民和新聞媒體的喜愛。同時，文斯洛普對酒精的依賴已經不再是傳言，當他參加公眾活動或出現在電視螢幕中時，人們看到的是蹣跚步態，聽見的是模糊話語。毫無懸念，當年的選舉，以代表共和黨的文斯洛普慘敗而告終，他不得不向州長位置告別，退居到自己的文洛克小鎮。

一九七二年夏，不甘寂寞的文斯洛普以代表身份，參加了共和黨全國代表大會。幾週之後，他回到阿肯色州，幫助理查・尼克森成為歷史上第二個在該州獲勝的共和黨總統候選人。這年歲末，醫生發現了他腋下的囊腫，而切片檢查結果顯示，那是個惡性腫瘤。

一九七三年二月二十二日，文斯洛普・洛克菲勒成為洛氏五兄弟中第一個離開人世的，享年僅六十一歲。

合併大通

大衛·洛克菲勒，作為小洛克菲勒的第五個兒子，可謂是最受命運寵愛的天選之子。他的人生道路猶如一道美妙弧線，從出生開始就青雲直上，始終引起周圍人的關注與羨慕。

大衛出生時，小洛克菲勒已人到中年，事業有成，大衛從懂事開始就能感覺到家族的輝煌成就，也意識到自己與生俱來的特殊身份。這讓他從小就產生了強烈的自信心，隨著他的成長，這份自信變成了他那無法被撼動的強勢性格。

大衛少年時，就展現出聰明自信的特點。他從不猶豫不決，而且相當幸運，獲得了四位兄長所帶來的優厚環境。上中學時，他就得以在黃石公園內的森林四處奔跑，搬開巨石，去尋找下面的葉片和甲蟲做標本，此時他對昆蟲學所產生的興趣，來自於在林肯學校五年級時的一位教師的引導，而他終其一生對自然學科的熱愛，也正是從此時形成的。當他進入哈佛大學時，他已熱衷於研究甲蟲，而且成績不錯。在大學一年級時，他就獲得了特許，選修研究生的昆蟲學課程。大二時，他參加了美國最優秀的昆蟲學家福茲博士的考察隊，去研究西部大峽谷的昆蟲的生活。實際上，他花費在其他學科上的精力遠不如昆蟲學，在大學中取得的唯一優等成績也正是這門課。後來他成為受人尊重的大通曼哈頓銀行首腦時，他也會偶爾表現出令人詫異的舉動：當他和下屬正在談話時，會突然心不在焉地將雙眼從對方臉上移到地面，同時徐徐將手探入西裝內袋，悄無聲息地摸出小瓶，隨即撲向地面上一隻正在爬行的小蟲，逮住後迅速塞進瓶內，再小心翼翼地將瓶子放進口袋，然後若無其事地繼續剛才的話題。

終其一生，大衛所搜集的甲蟲標本從數量和品質上都達到了世界級水準，並被列入了美國自然歷史博物館目錄。作為回報，他大力資助了設立在亞利桑那州的研究站，該研究站專門採集美國西南各州的昆蟲標本，他們還用洛克菲勒姓氏命名了其中兩個稀有品種。

大衛喜歡昆蟲，並不太擅長和人們打交道。在學校時，人們都喜歡他的兄長，但卻不喜歡他。他喜歡誇耀自己去過的地方多，又經常炫富，在女同學眼裡，他是相當令人討厭的。

一九三六年，大衛從哈佛大學畢業。同年秋，他被父親送到倫敦經濟學院進修。在那裡，他經常參加由外交官和政府高級官員舉辦的雞尾酒會，並有幸會見了約瑟夫・甘迺迪大使全家，還和他的女兒凱薩琳・甘迺迪有過約會。此外，他還每週在大通銀行倫敦分行實習，藉以熟悉業務。

從倫敦經濟學院畢業後，大衛回到美國，進入芝加哥大學攻讀。一九三八年，他獲得了博士學位。在他的博士論文中，他引用了曾祖母伊萊紮・洛克菲勒的祖訓：「恣意的浪費必將導致可悲的貧乏。」

一九四〇年，大衛與瑪格麗特・麥格拉斯小姐成婚。當時，人們都認為大衛是洛氏家族中最有政治前途的人。他為人沉著冷靜，有著強大的分析能力，並喜歡公開議論國家大事。於是，博士畢業後，他獲得了當時內政部長的推薦，成為紐約市長拉瓜迪亞的市長助理。他很喜歡這份工作，但他的個性卻顯然不適合官場。每次接電話時，他都喜歡突出自己的姓氏：「這是市政廳，洛克菲勒。」為此，市長只能親自制止他的口頭禪。

這段實習期結束後，大衛對政治的熱情冷卻了。他發現，政治離不開唇槍舌劍的辯論、針鋒相對的競爭，這讓他感到厭倦。他與納爾遜最大的不同在於，他希望獲得一種經得起考驗的權力（不是依賴選民投票的那種）。後來，他對此解釋說：「政治領域的危險，在於它會將你的全部時間都消耗在競選上。」

從此時開始，大衛將個人精力轉移到了經濟領域。他決心全力登上金錢大廈的頂端，因為他意識到，巨大的財富必然賦予掌管者應有的權力，這種權力與政治舞臺上朝夕變幻的大王旗相比，顯得更為持久和可靠。

二戰結束之後，大衛找到了通向財富大廈的最佳路徑：大通銀行。

大通銀行此時已然是國際銀行中的翹楚，它與政府的經濟政策方針、海外投資有著緊密聯繫，而大通銀行和洛氏家族的利益也早已息息相關。因此，獲得大通銀行的領導權，大衛就能同時影響到家國兩方的重要決策，或許這種尋找關鍵地位的決定，正能表現出他對於權勢的理解。

洛克菲勒家族利益和大通銀行企業利益之間，存在著種種聯繫，其主要管道在於銀行為各家標準石油公司提供的金融服務。大通銀行的分析專家隊伍，為洛克菲勒家族辦事處的財務人員提供多方面的服務。此外，大通銀行和紐約其他各家大銀行的董事們以及高級職員，經常來往於華爾街與華盛頓之間，他們向政府積極提出建議，尤其注意透過影響高層決策來維護金融界的利益。為此，他們專門成立了對外關係委員會，地點是普拉特大廈，而那幢樓正是幾年前小洛克菲勒買來捐贈給該委員會的。

一九四七年，大衛被推選成為該委員會成員。在該委員會中，還有洛克菲勒家族內外的親信成員，更少不了大哥約翰和二哥納爾遜。不過，與兩位兄長只出席主要會議不同，大衛對委員會的工作相當重視，並以不同的身份參加活動，他既是委員會的發起人、管理人，也是委員會的委員。一九五三年，他通過委員會捐獻了二・三萬美元，作為關稅研究特別委員會的經費。一九五四年，他又加入了核武器和外交政策專門小組。

除了積極參加委員會的工作外，大衛對大通銀行的發展最為投入。二戰之後，伴隨布雷頓森林體系的建立，美元成為主要國際貨幣，由於大通銀行的業務主要集中在企業和海外，在爭取美元存款的競爭中顯然處於不利地位。

一九五一年，新的任務落在大衛肩上，他需要帶領大通銀行的小組進行國內業務的計畫和發展工作。大通銀行有二十八家分行，但只有兩家設立在曼哈頓，這對吸收存款相當不利。

鑑於不利局勢，舅舅文斯洛普・奧爾德里奇看中了曼哈頓公司銀行，並為此專門設立了吞併計畫。由於曼哈頓公司銀行在全美國銀行中只能排到第十五位，所以這次收購似乎有點不划算。但大衛很快明白了奧爾德里奇的意思：和曼哈頓公司銀行合併，是最為省時省力的方法，曼哈頓公司銀行有著完善的分支機構網路，廣泛經營零售業務，這正是大通急缺的優勢資源。

曼哈頓公司銀行歷史悠久，其一七九九年制定的章程規定，如果沒有銀行全體股東的一致批准，曼哈頓公司銀行不能併入其他公司。這條章程鎖死了合併行為，直到一九五三年，新任大通銀行董事長約翰・麥克羅伊才想出了應對方法：無法將曼哈頓併入大通，那就讓大通併入曼哈頓！

隨後，在大衛的直接領導下，收購最終完成了。一九五五年，有十六億美元資產的曼哈頓公司銀行，吸收了有六十億美元資產的大通銀行。新成立的大通曼哈頓銀行立刻成為全美最大銀行。

在新成立的機構中，大衛任職副總經理，主管銀行的發展部門。這個職位不算高，但他很滿意。在發展部門，他帶領為數不多的下屬，對整個銀行的業務設置和組織機構中的種種問題進行了深入研究，並提出整改計畫、進行改革。

在此過程中，大衛沒有如外界傳言的那樣表現出野心，而是低調努力地工作。他旺盛的精力讓人們驚嘆，有時候，他一天竟然會工作十八個小時。

洛克菲勒家族雖然是大通曼哈頓銀行的大股東，但他們實際上也只持有總股票數額的五％。因此，他們並沒有企業發展的決定權，而董事會其他成員，也都具有相當的實力與名氣，在這樣的企業中，股東只會看重領導者的才幹，而不是他們的血統。如果大衛在他的工作中哪怕出現一次錯誤或失敗，都很可能遭到無情打壓。換言之，家族雖然讓他站上了舞臺中心位置，但想要保住位置，還需要他奮力拼搏。或許正是基於這一點，他才堅持將自己稱為「白手起家者」。

隨著地位日趨穩定，大衛提出了遷址計畫。由於業務發展迅速，原先的銀行大樓已經容納不下所需人員，所有行政部門只能分散在八棟大廈中，造成了經營上的種種不便。董事會接受了大衛的建議，做出搬遷決定，卻沒有選定最佳位址。因為大通曼哈頓銀行如果離開華爾街，很可能會造成其自身投資的損失，也會導致華爾街地價的波動。

面對可能的雙輸局面，大衛力促董事會做出決定，在華爾街緊鄰街區的自由大街和拿索大街角，建立一幢新的總部大樓。但銀行最終決定留在華爾街，這一決定產生了深遠的意義，有人將之評論為「維護供自由世界的資本主義學習的心臟」。

一九六九年，大衛・洛克菲勒終於登上自己渴望已久的寶座，成為大通曼哈頓銀行的董事長兼首席執行官。

第十章

政商關係

（一九五四—一九七三年）

在冷戰中

一九五四年秋天，納爾遜・洛克菲勒在衛生教育福利部的仕途達到頂峰。他渴望更進一步，成為部長，加入內閣。然而，他的頂頭上司並不願意失去他的幫助，納爾遜最終決定離開。

一九五四年十一月，納爾遜被艾森豪任命為總統助理。雖然白宮內外對此有不少反對的聲音，但納爾遜非常高興，他畢竟得到了自己想做的工作。

成為總統助理後，納爾遜並沒有在白宮內的辦公室辦公，反而回到了國務院大樓，在那裡，他得到了原國務卿辦公室旁的豪華辦公室，白宮南草坪和華盛頓紀念碑可以盡收眼底。他又一次建立了圖表室，並以私人財產支付房間改造費、印刷費和其他費用。

此時，世界局勢已經發生重大變化。冷戰開始，美國的對外政策在艾森豪和杜勒斯的帶領下，正變得越來越強硬。從臺灣海峽到越南，再到東西歐，美國到處在下賭注，試圖能夠主宰世界。因此，納爾遜清楚，自己所要從事的工作內容有許多層面，他不僅應該注重經濟和外交發展，還要加強心理戰爭和情報活動。

一九五四年十二月，納爾遜上任之後，開始了同中央情報局的密切合作。早在擔任美洲事務協調員時，他就對情報工作相當感興趣。事實上，他知道這個部門能夠讓心理戰爭和祕密活動之間相互配合，這無疑能增加他的影響力。一九五五年三月，艾森豪決定建立一個計畫協調小組，從公開層面來看，該小組圍繞推出全國安全政策進行工作，而實際上，它將同中央情報局緊密合作，並成為贊同相關情報計畫的管道。簡單而言，該小組是中央情報局在白宮內的監察機構。

納爾遜根據總統的意思，提交了關於這一小組的備忘錄，並成為計畫協調小組的領導者。隨後的幾週內，不少陌生面孔開始出現在他的辦公室，這些人不是之前那些熟悉的經濟學家、律師、文員等，而是有軍方和情報背景的神祕人物。他們的出現，足以說明納爾遜這位特別助理，除了「增進合作和理解」之外，還有更加重要的任務：利用其家族的財富和影響力，發動宣傳機構和公共關係，推動美國在東西方各個國家精神層面的戰爭。因此，在納爾遜成為總統助理的最初一段時間，他表現得相當強硬，他試圖告訴人們，他將不折不扣地表現出對冷戰政策的支持態度。

因此，當艾森豪接到農業部長將大部分國內剩餘小麥，送給由於歉收而食物短缺的蘇聯的提議時，納爾遜積極主張廢除這一想法。雖然他過去表現得相當關心世界的飢餓問題，但此時，政治方面的考慮占據了上風。納爾遜向總統建議說，美國如果直接提供農業商品，會緩解蘇聯政府的困境，因為農業產品短缺顯然能夠導致蘇聯國內的不滿，這就會增強而不是削減美國的優勢。艾森豪同意了他的建議，否決了這一提議。

和他的前任一樣，納爾遜對共產主義陣營的流亡者既討厭又同情。但無論個人情感如何，他始終將他們看作美國用來醜化蘇聯的棋子。為此，他還專門建立了「自由流亡大學」，以便培養那些年輕的東歐叛逃者，讓他們擁有將來能夠接管國家的能力。從五角大樓、中情局到國務院，都參與了這一計畫，但隨著參與者的增多，計畫反而沒有什麼進展。納爾遜就此徵詢了國務卿杜勒斯的看法，兩人一致同意，需要隱藏這一計畫的政治性。於是納爾遜找到弟弟大衛，打算成立國際自由基金會來資助該計畫，他們還統一了看法，覺得應該建議福特基金會也加入該計畫，只是到了最後時刻，納爾遜出於種種顧慮放棄了這個政治上的博弈項目。

納爾遜積極參加冷戰的行動，不僅表現在其總統助理的工作內容中，也體現在所謂的「慈善活動」中。過去政治經歷中發揮了重要作用的概念，包括國際基礎經濟公司、美國國際協會和第四點計畫等，始終植根於納爾遜的腦海中，他從來都不懷疑「西方制度反擊共產主義陣營最好的武器就是經濟」這一論斷。在他的推動下，艾森豪在亞非萬隆會議之前，向東南亞國家承諾給以巨額援助。在其發表的談話中，艾森豪直接引用了納爾遜的言論，他說，援助是用以「摧毀集權主義滋生的條件——貧窮、文盲、飢餓和疾病」。

然而，「美麗」的話語並不能兌現納爾遜的承諾。總統雖然發表了談話，但是政府給東南亞經濟支援的承諾卻沒有兌現。納爾遜只好退而求其次，打算從美國進出口銀行獲得經濟支援，但時任財政部部長喬治・韓弗理卻並不願意給出實際支持，這讓納爾遜感到情緒低落。

在中東事務上，納爾遜也感到問題複雜棘手。三年前，納賽爾通過軍事政變推翻了埃及國王，成為新埃及的領導者，此時他急於在中東地區扮演關鍵性的角色。納賽爾的行為和態度表明，如果西方世界不能滿足他的要求，他就會尋求蘇聯的支持。

納賽爾向華盛頓提出，如果美國不給予埃及應有的援助，他就會投向蘇聯。納爾遜認為，應該抓住機會，及時向埃及提供經濟和軍事上的支援，但國務卿杜勒斯對此不置可否。一九五五年九月，納爾遜的擔心變成了現實：納賽爾開始從東歐國家購買軍火。

這次，杜勒斯終於相信了納爾遜，美國開始資助埃及的亞斯文大壩建造工程。這個建設在尼羅河上的水壩工程，有潛力成為世界上最大的水壩工程。

然而，和納爾遜在東南亞的計畫所遭遇的命運一樣，杜勒斯剛伸出援助之手就停下了。國會的反對聲音讓他在一九五六年六月決定撤回援助，納賽爾對此非常憤怒，他宣布蘇伊士運河國有化，隨後引發一場危機。

無論是在東南亞還是埃及，納爾遜的冷戰思維並沒有讓他獲得多少政治成果，更談不上給家族和個人帶來收益。與此同時，大衛・洛克菲勒卻選擇了另一條道路。

在克里姆林宮

當納爾遜正積極參與到冷戰決策中並屢屢失意時，大衛・洛克菲勒卻清楚地看出，想要成為全球金融領袖，讓大通在國際擴張道路上走得更為順暢，就要學會與那些意識形態不同、價值取向相異的國家政府打交道。

一九六二年十月底，大衛在麻薩諸塞州安多佛參加了一個美蘇公民會議，這個會議致力於經由面對面的會議和對話，改善兩個超級大國之間的關係。正是在該會議上，大衛和女兒內瓦見到了時任蘇共第一書記的赫魯雪夫，並產生了訪問蘇聯的強烈衝動。

一九六四年七月，大衛和女兒來到列寧格勒（今聖彼德堡），參加第二屆美蘇公民會議。雖然在此前沒收到任何通知，但在他們抵達的當天，克里姆林宮就發來消息，通知他們第二天去莫斯科會談。為了及時趕到那裡，父女兩人行色匆匆地乘上了夜間火車。

這是洛克菲勒家族的人第一次來到莫斯科。那時，莫斯科是個有著巨大反差的城市，一方面，城市有著高聳的大樓，卻欠缺粉刷和修繕；街道上停著為高級官員們專門製造的豪華轎車，百貨商店的貨架上卻幾乎空無一物。

在大衛眼中，這一切如此陌生，而又令他感到不適。

多年以來，蘇聯的宣傳媒介始終將洛克菲勒家族形容為操縱美國對外政策的小集團，認為他們是骯髒墮落的資本家，甚至覺得他們才是美國總統背後的主宰者。蘇聯的官員們經常告知大衛「讓你的總統賦予我們最惠國貿易地位」，即便大衛試圖對此加以解釋，對方卻不相信他的話。

一九六四年七月二十九日下午三時許，一輛由蘇聯製造的汽車將大衛父女接到了克里姆林宮高高的紅牆內。他們走進列寧曾經使用過的辦公室，辦公室內相當簡樸，沒有什麼傢俱。

參加會見的只有大衛父女、赫魯雪夫和翻譯維克托。四個人圍坐在寬大的橡木桌旁。寒暄已畢，脾氣火爆的赫魯雪夫開門見山地發起指責，他說，納爾遜・洛克菲勒透過基金會發表〈世紀中葉的美國〉一文，號召大幅度提高美國國防開支，以防禦蘇聯的軍事威脅，這說明他如果當選總統，也會繼續奉行冷戰政策。隨後，赫魯雪夫又抱怨美國總是干涉蘇聯的內部事務。

之後，雙方認真地交談起來。兩個人時而相互爭論，時而表示認同。在談話激烈的時候，容易激動的赫魯雪夫還不時拿起桌上的鎮紙，一次次敲打堅硬的橡木桌。

在談話的最後，赫魯雪夫聲明了雙方社會和經濟制度的差異，但也表明希望這兩種制度能夠和平共處。他說：「如果你想做貿易，很好；如果不想，也無所謂。沒有貿易，我們照樣可以生活得很好。」

大衛在談話中始終冷靜如常，他回答說：「我同意你關於世界和平必要性的說法。這就是我來這裡的原因……的確，如你所說，我們雙方都能夠摧毀對方。唯一的解決辦法，是要找到更多的接觸管道，避免不必要的、不負責任的、可能會導致災難的衝突。」

赫魯雪夫同意了大衛的說法，談話在和諧氣氛中進入尾聲。最後，赫魯雪夫高興地說，自己最欣賞大衛的地方，在於他擁有那麼多資產，竟然能夠理解和平的必要性。

後來，大衛回憶起這次不同尋常的會談時，依然感慨萬千。他在自傳中寫道，這是一次不同尋常的會談，他從來沒有感覺到赫魯雪夫對他個人有什麼仇恨。相反，他離開的時候，還帶著對赫魯雪夫深深的敬意，並得到了對方的回應。

在克里姆林宮裡短短的兩個小時的會談，讓大衛憑藉銀行家的直覺，感到蘇聯高級領導人並非如納爾遜眼中那樣好戰、專制、獨裁，他們同樣希望擴大與世界的金融、商務關係。雖然這次會見並沒有改變冷戰歷史的進程，但它無疑啟發了洛克菲勒家族面對世界形勢時的新思路。這次會談後，大衛越發相信並傳播這樣的觀點：無論是美國人還是其他國家（地區）的人，都應該瞭解對方的信仰、動機和志向，並走出狹窄的意識形態領域的限制，打破冷戰思維，擁抱新的思維模式。

平衡中東

洛克菲勒家族興起於石油行業，這讓他們如宿命般地和中東地區緊密聯繫在一起。而大通銀行和美國大型石油公司之間長期深入的合作，也加深了這一關係。

一九四七年，當時主管大通的文斯洛普・奧爾德里奇在中東金融重城貝魯特開設了分支機構，那時，由於遭遇到英、法兩國大型海外銀行的壓制，洛克菲勒家族只派出大通銀行的詹姆斯・梅傑負責黎巴嫩之外的所有中東業務。他每年到中東一次，也開發不出多少有意義的新業務。

一九五三年，大衛第一次陪詹姆斯到中東。那時，他已經接手了銀行的國內事務。中東的風土人情讓大衛忘記了充滿現代氣息的曼哈頓，他感覺像是回到了上個世紀。

當然，大衛並不是來遊玩的，他瞭解到大通的競爭對手花旗銀行由於早先一步開設分支機構，在石油產量迅速增長的沙特地區，已占據了巨大的競爭優勢。因此，一九六一年，當大衛成為大通曼哈頓銀行的總裁之後，他就將中東列為國際擴張計畫中不可分割的一部分。一九六二年二月和三月，他利用旅行全球的機會，分別拜訪了黎巴嫩、科威特、沙烏地阿拉伯、巴林和伊朗的政治領導人與金融界官員。毫無疑問，大衛希望能夠更為顯著有效地展示大通的形象，但他卻發現洛克菲勒在這裡已是姍姍來遲：嚴格的法律限制外國銀行在波斯灣開設分支機搆，而宗教思想濃厚的埃及、伊拉克、敘利亞和利比亞政府甚至敵視外國投資與銀行。在這裡求發展，將會十分艱難。

不過，機遇總是與挑戰並存的。大衛發現，中東最大的問題在於阿拉伯人和以色列人之間的衝突，但對大通而言，這卻是尋求突破的一種管道。

大衛決定明確自己的角色，於是從一名來自美國的投資者，變身為平衡中東地區關係的使節。起初，大通和以色列之間的交易相當有限，它和以色列中央銀行以及為數不多的私人銀行建立了代理關係。其中具有重大意義的生意，是一九五一年以色列政府挑選大通為以色列債券的美國金融代理。這些債券的銷售產生了巨大收益，幫助以色列迅速地發展其經濟。大通負責債券的利息償付業務，並提供其他有償監管服務，這些業務獲得了可觀的利潤，並有效加強了大通和在美猶太機構之間的關係。

二十世紀六〇年代之後，大通和以色列、阿拉伯各國政府以及大型石油公司的生意大幅度增長。當大通試圖在該地區扮演中立者角色時，卻受到了阿拉伯世界的埋怨。

一九六四年五月，大通收到了阿拉伯聯盟抵制以色列辦公室的一封信，信中說，大通曼哈頓銀行顯然在支持以色列的經濟。幾週之後，十三個阿盟國家聯合投票，共同決定從一九六五年一月一日起，禁止和大通交易。

如果阿拉伯國家真的實施了這一條禁令，大通銀行將不得不關閉貝魯特分行，為此將會有大約二・五億美元的存款被提取。更嚴重的是，多家石油公司也會因此停止與大通的生意來往，大通最終的損失將高達數千萬美元。

幸運的是，沙烏地阿拉伯和埃及在此時站了出來。它們遊說其他國家，認為大通銀行在向以色列提供服務時，只是在履行中立而不參與政治的金融責任。同時，美國政府也對此事表現強硬，阿盟最終撤銷了禁令。

雖然危機得以成功度過，但大衛卻思考得更遠。他認為，如果大通想要避免可能的危機，自己作為洛克菲勒家族金融業務在中東的形象代表，就應與阿拉伯世界領導人建立更穩固的關係。

一九六七年，第三次中東戰爭結束後，面對惡化的形勢和中東各國對美國的指責，大衛作為一名美國銀行家，不得不思考戰爭帶給該地區人民的影響。這一年，他主導設立了近東緊急慈善捐獻會，並邀請前總統艾森豪擔任名譽主席，同時也取得了一些著名猶太精英的支持。這些工作表現了捐獻會有著廣泛的社會來源，並不摻雜意識形態和民族鬥爭色彩。

在短短四個月的時間內，這個機構募集了將近八百萬美元，其中大部分來自美國大型石油公司。大衛一個人捐獻了二十五萬美元，而洛克菲勒基金會也代表家族其他成員捐獻了二十五萬美元。

一九六八年年初，大衛參觀了約旦的難民營，他目睹了那裡惡劣的生活條件，也看到那些難民身上所透露出的憤怒、絕望和恨意。

懷著複雜的心情，大衛在貝魯特舉行的捐贈儀式上放下了事先準備的演講稿，說道：「難民的苦難，是在譴責這個世界無法找到並實施公平解決他們的問題的辦法。我相信，在這個問題得以解決之前，中東不可能很快實現和平。」

此後，從二十世紀六〇年代後期到整個二十世紀七〇年代，大衛頻繁往來於中東各國。每次動身之前，他都會拜訪美國政府官員，瞭解美國對中東方面的政策變化。而在中東耳聞目睹後，他又會和這些高級官員見面，分享自己的所見所聞。

雖然大衛奔走在中東，但他的努力經常被誤解。一九六九年他訪問埃及和沙特，分別會見了最高領導者納賽爾和費薩爾。他瞭解到的資訊是，這兩個中東大國都認定美國的政策是與阿拉伯人為敵的，而蘇聯在該地區的滲透，就是這種政策引起的直接後果。相反，如果美國改變堅決支持以色列的立場，兩國似乎都願意做出讓步。

大衛將他們的意見經由季辛格傳遞給了尼克森總統。他和其他石油巨頭的態度，影響了白宮的政策。不久之後，國務卿威廉・羅傑斯發表講話，宣布將要敦促以色列從一九六七年戰爭中占領的領土上撤退，還建議耶路撒冷成為一座統一城市，向所有信仰它的人開放。

羅傑斯的講話產生的反響不佳。許多報刊反對中東政策的變化，以色列政府則表示拒絕。隨著消息的傳播，媒體將矛頭指向大衛，認定他是為了經濟上的利益，而督促白宮採取「親阿拉伯」的立場。在一片批評聲中，很少真正有人注意到，大衛以及其他石油企業家，並沒有打算讓以色列任憑阿拉伯人擺布，而是想要追求真正的平衡局勢。

潮水般的信件和電話湧向大衛的辦公室，抗議他並不存在的「反以」傾向。有些猶太企業家組織了抵制活動，而另一些重要客戶則登出了在大通銀行的戶頭，甚至連當時擔任紐約州州長的納爾遜，也迅速與他保持距離，並要求尼克森政府就以色列政策的變化做出解釋。

面對洶湧而來的聲浪，大衛感到自己陷入了圈套。他不得不在一九七〇年一月初發表了公開聲明。他說：「我相信，我一貫相信，美國必須盡一切可能保衛以色列的安全和主權。我唯一的興趣，是看到敵對局勢的終結、和平的實現。」

聲明的發布雖然減緩了批評的力度，但也造成了政府的動搖。一九七〇年一月，尼克森放棄了國務卿的建議，中東地區的暴力與混亂程度隨之上升，讓中東地區重新回到均衡狀態的希望，變得越來越渺茫。

四任紐約州長

一九五五年歲末，不斷遭遇挫折的納爾遜感到自己再擔任總統特別助理，也沒有什麼意義了。由於艾森豪身邊的老牌政客太多，無論他提出什麼建議和看法，都會被這樣的頑固力量加以排擠，在白宮，他已經看不到什麼希望。

這年的最後一天，洛克菲勒主動結束了自己在華盛頓的第三次任職。

經過三起三落，納爾遜多少感到有些失意，但此時四位兄弟卻並沒有放棄對他的信心和支持，勞倫斯更是直言相告：「寄人籬下不是你的方式，納爾遜，如果你能獨自面對選民，效果會好得多。」

確實，納爾遜和官場上的幕僚註定不一樣。以他身上的「洛克菲勒性格」而言，他更適合自己獨當一面，而不是始終看高層的臉色行事。於是，納爾遜決定參加紐約州州長的競選，從側翼向夢想中的白宮進軍。

一九五八年的競選年中，納爾遜成立了陣容強大的競選委員會，其中包括他以前的眾多得力下屬。政壇沒有多少人對納爾遜抱有信心，曾經三次連任州長的共和黨人杜威直言不諱地說，紐約州沒有人知道納爾遜的名字，他倒是可以利用被任命為郵政局局長的方式進入國會，再往後或許還有競選的機會。納爾遜雖然內心對這種反對的聲音不屑一顧，但還是禮貌地否決了這一建議。

幾天之後，納爾遜站在美國廣播公司大廈五六〇〇室家族事務總部、老洛克菲勒半身銅像旁，對著攝影機正式宣布參加競選。他說：「我們需要的是要增加政治勇氣，以便抓住一切，更全面地瞭解一些人的想法。這些人有信心、有創造力，而且最主要的是，擁有對未來的堅定信心。」

在鏗鏘有力的競選宣言發布之後，納爾遜坐上車，開始了環州旅行。他要讓所有選民和議員清楚，他不但能說出這樣的話，更是這樣的人。

納爾遜的家族在紐約苦心經營了三代，從平民百姓到達官富豪，其朋友遍布各個階層。此時，為了競選，納爾遜更是到處活動，他有時候出現在猶太人區的小飯館，有時候在下曼哈頓的義大利餐館用餐，又在集會上用西班牙語向波多黎各移民講話。

於是，出乎政客們的預料，納爾遜毫不費力地在紐約州贏得了共和黨內部提名，當他在共和黨州會議上的講話結束後，在場的上萬名共和黨員歡呼喝彩。

隨後，納爾遜的競爭對手轉為現任州長哈里曼。哈里曼形象拘謹，而且總是帶著貴族氣派出現在公眾面前。與之相比，納爾遜的家族雖然名聲在外，但他卻顯得更為親民。

恰好，哈里曼之前在該州民主黨參議院候選人的問題上，和紐約市政客卡敏・德薩皮沃發生爭執，最終接受了對方推薦的候選人。納爾遜抓住機會，打出這樣的競選口號：「勇氣對投降，你選擇哪一邊？」結果，民意在短期內迅速呈現一邊倒的格局。

十一月五日晚，競選結果揭曉。現任州長連任失敗，而納爾遜和他的團隊則在慶祝勝利。小洛克菲勒此時已經八十四歲，身體虛弱，不能到場慶祝，但他還是在房間裡蹣跚地跳起舞步，嘴裡不停地念叨說：「要是他的祖父還活著，看到這一切該是多麼高興啊！」

紐約州是聯邦中最複雜的一個州，彙聚著經濟、文化、司法、教育等各路精英，普通民眾中也有著來自世界各地、憧憬實現美國夢的移民。不過，多年組織政府工作的經歷，讓納爾遜對治理手段非常熟悉，遑論洛克菲勒家族在紐約州根深葉茂的人脈關係。納爾遜組織起智囊團，研究紐約州所面臨的種種問題，他很快發現，過去的州政府如同管家，將基礎建設、稅收和公共資金等任務分配給不同地區去經營。然而，地方政府的能力受到其規模和權力的限制，無法做好大事。在納爾遜的指示下，州政府直接介入到解決大問題的工作中，他設計出一系列的計畫，恢復紐約州經濟活力、擴充教育設施、放寬公民權利、改善交通、增加農業研究等。當然，為了做好這些，他也果斷實行了加稅政策。但與下屬所料想的不同，由於民眾生活水準的改善，加稅政策不僅沒有遭遇預想中的抵制，反而讓州政府的工作更有活力。

在此後的連續四次州長競選中，納爾遜・洛克菲勒都宣布參選。不過，由於個人再婚令形象受損，加上競爭對手的崛起，後來的競選壓力變得越來越大。在一九六六年第三次州長競選時，他的吸引力已經下降到只能在民意調查中贏得二五%的支持率。

大衛聽到這個消息後，找到兄長說：「聰明的人，不僅知道如何前進，而且會懂得什麼時候應該後退。」

納爾遜卻堅決地說道：「我活著一天，就要前進一天，這才是我的方式。」

隨後，納爾遜投入巨額資金為捍衛州長寶座而鬥爭。電視螢幕上如同潮水般頻繁出現他的商業廣告，推銷現任州長的成就與計畫。在競選階段的最後幾週，洛克菲勒州長幾乎霸占了紐約州所有的電視螢幕。面對如此強大的資金投入，他的對手無力反抗，最後終於以微弱的劣勢敗在納爾遜的金錢攻勢下。

憑藉金錢優勢，納爾遜・洛克菲勒在紐約州州長的位置上連任四屆。然而，他的雄心壯志不止於此，在其漫長的州長任期內，他一次次向總統寶座發起了不懈衝擊。

衝擊總統寶座

一九五八年，初次當選為州長的納爾遜，就想到百尺竿頭更進一步，要衝向夢寐以求的總統辦公室。但他知道，自己必須先獲得共和黨人的支援，成為黨內提名的總統候選人。

就這樣，時任副總統尼克森成了納爾遜的頭號對手。他甚至從不掩飾對尼克森的蔑視，並對勞倫斯說：「天哪，只要聽別人說起他，我就渾身不舒服。」然而，納爾遜自己也沒有想到，在通向白宮的道路上，他將會被尼克森壓制十年之久。

在艾森豪任職的六年中，尼克森代表總統，孜孜不倦地為州和地方選舉活動奔波。而當他想要競選總統時，全國曾從其手中獲益的資本家都感到，是時候給以回報了。更重要的是，在主導政壇的財閥看來，納爾遜更加獨立，他顯赫的身世、富豪的背景，會讓他難以受到控制；而尼克森則如同一張白紙，他們隨時都能在其上寫下本方利益。

經過深思熟慮，一九五九年，納爾遜不得不宣布退出總統競選。不過，他從來不是那種會放棄的人。一九六〇年，美、蘇兩國關係開始陷入僵局，納爾遜又開始向尼克森發起新的攻勢。他向新聞界發布了九點宣言，並用一句話概括其主旨：「我最為關心的是，那些現在控制共和黨的人，並未說清黨的前進方向，也未能說清楚這個黨想引導國家走向哪裡。」毫無疑問，這種宣言不僅在針對白宮和尼克森，甚至是對共和黨本身的宣戰書。

深諳政治手段的尼克森，在表面上選擇了讓步。他按照納爾遜頗顯無理的提議，親自到對方寓所與其開會討論，形成了一份共同協議。納爾遜對此頗為高興。但實際上，尼克森卻由此獲得了更大贏面：短期看，他得到了納爾遜的支持，為自己的競選出力；長期看，他給外界留下了忍辱負重、為了維護黨內團結而犧牲自己的良好印象。

隨後的選舉中，民主黨的甘迺迪最終入主白宮，共和黨鎩羽而歸。與此同時，一九六二年，納爾遜二次當選紐約州州長，尼克森卻在加州州長的競選中一敗塗地。許多人看好一九六四年共和黨總統候選人將是納爾遜，然而，由於情感糾葛和再婚風波，他再次惜別總統競選的戰場。

一九六八年，詹森總統宣布退出競選，約翰・甘迺迪的弟弟羅伯特・甘迺迪在參選過程中遇刺身亡，納爾遜似乎又見到了希望。然而，在共和黨內的初選中，年富力強的尼克森在第一輪就獲得了最高票數六九二票，而納爾遜只有二七七票。在飛回紐約的途中，納爾遜在飛機中來回走動，安慰著他的手下：「對不起，我讓你們失望了……可是我已竭盡全力。」

一九七二年，尼克森再次當選總統。納爾遜希望自己能夠被任命為副總統，但尼克森無法盡釋前嫌，選擇了吉羅德・福特。尼克森並沒有想到，這一舉動很大程度上斷送了他的政治生涯。

一九七四年八月八日，被「水門事件」逼到絕路的尼克森不得不向全國發表演說，宣布辭去總統職務，成為美國歷史上第一位也是迄今唯一因醜聞而中途下臺的總統。此時，納爾遜已從州長位置上退下。一個週四的晚上，白宮辦公廳給他打來電話，表示繼任的總統福特想要和他談一談。

第二天，納爾遜接受了福特的邀請，擔任副總統職位。雖然他曾經高傲地表示，自己不願意做「備胎」。但今非昔比，現在時光已去，他最好的從政年齡已經過去，這是他唯一能抓住的希望。

一九七四年九月二十三日，納爾遜身著做工精細但並不奢華的深藍色細條西裝，走進參議院，遞交了長達七十二頁的履歷，其中詳細開列其全部資產。至此，歷史上關於洛克菲勒家族的財產之謎被揭開了：小洛克菲勒從父親手中繼承了四・六五億美元，他從中提出二・四億美元存入大通銀行作為信託基金留給後代。而納爾遜個人的額度有一・一六億美元，加上他的私人收藏，財產總計一・七九億美元。

隨後的調查證明，八十四名洛克菲勒家族成員的資產總額將近十三億美元，還不到傳說中數目的二五%。而且，洛克菲勒祖孫三代將數十億美元捐獻給了龐大的慈善法人團體。

這些數字說明了真相：洛克菲勒家族並不像傳說中那樣巨富，更不可能掌握美國經濟的所有權。當然，他們經過不斷地捐贈，也擁有了其他財團所無法觸及的權力。

一九七六年時，納爾遜終於失去了追逐總統的欲望。他主動通知福特，自己不需要提名，而是替福特組織競選。這一次，他站在紐約街頭，不是宣傳自己，而是在為別人拉選票。人們似乎再也找不到過去的納爾遜，直到一位反對者無休止的提問惹得他直接伸出了中指，此時，人們才知道，納爾遜並沒有消失，即便在政治生涯的最後時刻，他也要讓所有人知道，自己不欠任何人，也沒有誰能控制他。

一九七九年一月二十六日，納爾遜在其紐約市中心第五十四街的私人住所猝然辭世。由於去世前他與美麗的單身女助手共處一室、共同工作，他的死因也被蒙上了一層令人憂傷而好奇的詭祕色調。無論如何，在美國國內卓越人物輩出的這個年代，納爾遜都是其中一個兼優秀與個性特點於一身的傑出者。

第十一章

共克時艱

（一九七四—一九九五年）

最後的家族君王

當兄長或隱退政壇、或離開人世，大衛開始穩定地坐到家族核心的寶座上，雖然已經退休，但沒有任何人會質疑他的影響力。

與哥哥納爾遜不同，大衛並不喜歡政治，他從來不會被動地出現在前臺，導致一舉一動都要被公眾的眼睛觀察。相反，他喜歡待在幕後，經過強大的事業和家族網路，悄無聲息地發揮著影響，許多人都能感覺到大衛施加在自己身上的影響，卻又無法清楚地分辨它到底來自何方。

納爾遜為弟弟大衛的成就感到自豪，但同時又有些不理解，他問大衛：「親愛的大衛，你是不是有什麼魔法？為什麼許多國外政府官員和外交家，見到我們總是沉著臉，而對你卻彬彬有禮而殷勤周到？」大衛神情輕鬆愉悅地說：「親愛的哥哥，這裡有一個很簡單的祕訣。他們是外交家，而我是銀行家兼外交家。沒有誰會對我的金錢板起面孔。」

大衛相信金錢財富的力量，他也正是依靠這一力量，成為洛克菲勒家族在二十世紀七〇年代中後期最重要的人物。在家族層面之外，他也秉承著同樣的原則處理個人的事業選擇。一九七四年，他拒絕了政府的財政部部長這一職位邀請，因為在他看來，只要能夠積極發揮個人價值，是否擔任財政部部長，並沒有多少區別。這種態度也影響外界對他的評論和描述，有位別出心裁的出版商炒紅了一本關於他的傳記書籍，成為當時的暢銷書，該書的廣告語中有這樣一段話：「對大衛・洛克菲勒而言，做美國總統才是降級。」

樹大招風，與祖父和父親一樣，事業越是成功、地位越是升高，大衛個人所背負的謠言也越來越多。對此，大衛總是能泰然處之，但他的子女們有時候卻忍受不了。一次，兒子不解地詢問道：「爸爸，你處理銀行事務時總是輕鬆自如，那些與銀行事務有關的消息，也逃不過你的耳朵。可對那些誹謗你個人的話，你為什麼置若罔聞？難道就應該讓那些人胡說八道，敗壞你的名聲？」

大衛哈哈大笑，隨即說道：「孩子，不要這麼激動。如果那些製造謠言的人知道你會被氣成這樣子，那他們就太得意了。明天，他們就會編造出十倍於此的謠言，而且他們會以與洛克菲勒打官司為榮的。你只要不理睬他們就行了，這是最好的辦法。至於別人，愛信什麼就信什麼吧。」

這樣的態度，讓人們彷彿在大衛身上看到了祖父留下的影子，大衛的事業和家庭經歷，也因此由一個接著一個的勝利連接起來。正如他後來在回憶中說的那樣：「在我成長的過程中，只遭受過幾次戰術性的挫折，但沒有戰略性的失敗。」

不過，人非聖賢孰能無過，當大衛在一連串的海外活動中獲得成功時，當他在家族內的影響力越來越大時，在自己原本的銀行業陣地上，他卻差點遭遇了重大挫折。

向蕭條宣戰

二十世紀七〇年代初期，通貨膨脹和蕭條成為全球經濟的顯著特徵，各國之間償付關係失調、國際金融體制逐漸崩潰，再加上石油輸出國組織提高原油價格，導致能源成本大幅度上升，讓二戰後原本穩定增長的經濟遭到了沉重打擊。充滿風險和不確定性的時代由此到來。

大衛作為此時洛克菲勒家族中的核心人物，最先迎來了這一時代。

一九七六年二月一日，《紐約時報》商務版首頁，登出一則奪人目光的新聞，其標題是〈大通和大衛・洛克菲勒：銀行及其董事長的問題〉。大衛粗淺瀏覽一番，就知道這份在國內頗有地位的報紙，正在其每週最熱門的版面上暗示自己可能被炒魷魚。大衛自己並不能接受這樣的報導，但從某種程度上說，它的內容又有其合理性。

從進入二十世紀七〇年代開始，大通曼哈頓銀行就面臨著艱難時刻，各種問題層出不窮，從而導致人們開始懷疑他的能力。

問題最初出現在經營管理系統上，銀行中心部位的文件處理與記帳功能幾乎癱瘓，導致服務品質惡化；隨後是銀行對債券帳戶估價過高，造成三千三百萬美元的損失，結果被迫重新編制盈虧表；不久之後，房地產業務又慘遭災難性虧損，導致大通曼哈頓按揭與地產信託公司的破產。

陸續傳來的壞消息，讓大通在總資產和收益方面都輸給了主要對手花旗銀行。其中收益方面從一九七四年的一・八二億美元跌到一九七六年的一・〇五億美元，跌幅超過四二%，大通和大衛被媒體炒作負面新聞也就不足為怪了。

一九七五年七月十六日，在大通董事會會議上，關於房地產貸款的問題始終商議不出結果，大衛被迫做出決定，於二十四日召開特別董事會會議。第二天，親信迪克・迪爾沃思向他通報說，在昨天的董事會會議上，幾個主要董事都表現出對他的不信任。對其中幾個人的反對，大衛並不吃驚，但當他知道大都市人壽保險公司董事長理查・西恩也抱有批評態度時，大衛感到了震驚。

最後，迪克明確說道，特別董事會會議將決定大衛在董事長職位的去留問題。大衛知道，自己只有不到一週時間進行決戰準備了。

大衛知道，自己必須要說服董事們相信，目前形勢在掌控之中。他立刻調整了整個房地產部門的指揮結構，組織了一個小工作團隊負責計算和提出方案，其中執行副總裁約翰・黑利和高級副總裁理查・波以耳是主要力量。

透過這個團隊的工作，大衛瞭解到最壞的可能：如果房地產貸款業務問題被放大，法律訴訟所產生的費用、債權人的索賠，將會造成大通銀行股票價格的崩盤，並最終導致大通破產。雖然這一結果的可能性不大，但卻是相當致命的可能。

雖然內心痛苦，但大衛還是決定，向董事會坦誠攤牌，並接受最壞的可能結果。

七月二十四日早晨，大衛在格雷西大廈與紐約市市長亞伯拉罕・比姆會談。比姆拒絕承認紐約市赤字正在加劇，也不答應採取重要措施進行解決。等大衛到達大通總部，下屬告訴他，審計師認為不得不放棄原定的評估程式。大衛驚訝地得知，自己必須放棄精心準備的演示步驟。

會議開始後，約翰・黑利首先對銀行的房地產借貸歷史加以總結，包括銀行發放出去的貸款，並大概介紹了大通面臨的形勢。理查・波以耳進一步介紹了資產虧損營運的情況。

隨後，波以耳解釋了應對戰略，他站在黑板前，向整個董事會進行了詳細介紹：大通銀行收購的貸款將不再屬於最高品質的品種，但至少能夠將風險降低到可控制的比例。

董事會成員們專注地聽完了所有講解，偶爾會有人提出問題，雖然並沒有人表示什麼，但會議室中釋然的氣氛逐漸取代了先前的緊張焦慮。大衛知道，這並不是因為他準備的內容有多麼樂觀，而是因為董事們終於徹底瞭解了情況。對這些見慣了大風大浪的企業家們來說，只要掌握全部情況，就能竭力穩定局勢、找到應對之策。更何況，看見大衛與管理團隊的表現，董事們也相信，大通銀行的管理方確實能夠駕馭和控制局面。

會議結束後，迪克悄聲告訴大衛，董事會的看法改變了。他說：「我的感覺是，他們比上週興奮了許多，但他們還是在觀望。我覺得，你會有大概一年的時間來扭轉局面。」大衛沒有什麼表情，只是堅定地望著會議室。他的內心如同繃緊的弓弦，準備面臨更大的挑戰。

雄心勃勃的三年計畫

到一九七七年中期，大衛帶領大通管理團隊花費了大量時間和精力，糾正經營問題、整合新的電腦系統、治理房地產業務方面的弊端。雖然大通曾經丟失了寶貴的機會，在一九七四到一九七六年之間輸給其他許多同行，但大衛相信，自己完全可以再用三年扭轉局面。

想到這裡，大衛驀然驚覺，距離法定的六十五歲退休年齡，自己也只剩三年時間。

在一九七六年十一月的董事會特別會議上，大衛提出了這份三年計畫，計畫目標是到一九七九年年底，銀行的收益將會達到大約三・一億美元，是一九七六年預計收益的近三倍。這是一個雄心勃勃的目標，許多董事流露出懷疑的神色。

大衛有著洛克菲勒家族的血性，這份血性無論是在當年老洛克菲勒身上，還是今天的大通曼哈頓銀行首席執行官身上，始終存在著。大衛此時並沒有在意他人的眼光，而是著手從改變大通的企業結構和文化開始。

大衛專門請來了富有經驗的外部專業人員，負責銀行人力資源、規劃、公司內部交流、系統搭建的工作，對銀行進行了重組，使之能夠以更加高效的方式進行運轉。其中，有兩位奇異的前經理人員發揮了關鍵作用：艾倫・拉弗里作為人力資源經理，對大通銀行的招募、培訓和薪酬政策加以修訂，並加強了銀行內各個層次的交流；加拉爾德・維斯則重新設置了計畫程式，糾正了銀行現有的計畫方式。

三年計畫的另一重要內容，是透過大幅度的產品改革，來重新定義銀行業務。自大通成立以來，大部分時間都扮演著大型信貸提供商的角色，先是面對美國最大的公司企業，後來又服務於世界各地的公司。一九五五年與曼哈頓公司銀行合併後，大通曼哈頓在紐約市的零售分行金融領域也變得十分強大。

然而，在三年計畫提出之前，為大型企業提供貸款這一業務，已經無法帶來像過去那樣的盈利成績。大通面臨著來自歐洲和日本銀行的激烈競爭，更重要的是，競爭對手開發了許多新的金融工具用以占領市場。

大衛決定，大通必須走向多元化，尋找能夠產生利潤的其他盈利產品和市場，從而實現收益目標的提升。為此，他帶領下屬在以下三個領域加強工作：

貸款業務上，尋求擴大資本市場和投資金融業務。大通開始在香港拓展業務，到一九七九年，大通曼哈頓亞洲有限公司成長起來，每年的貸款業務達到一百億美元。

加強零售產品銷售，例如信用卡和住宅抵押貸款。雖然這項業務的擴張偏離了原有的主營業務，但卻很快成為大通可靠且增長迅速的收入來源。

重新重點開展私營部門金融業務，為高價值個人客戶提供信託和監管服務以及投資諮詢，同時開闢其他機構的投資服務專案。大通成立了投資人管理公司，從銀行外引進經驗豐富的人才進行管理。不久，私營部門金融業務、投資管理和監管服務成為大通的強勢部門。

一九七九年年底到來了，計畫完美實現，大通的收益達到了三・一一億美元，比之前的預期還要好。《財星》雜誌以這樣一句話總結這三年的計畫：「大通雄起，洛克菲勒超越目標。」

大衛這時才感到了真正的輕鬆，他鬆了一口氣：計畫奏效了，銀行再次振興，自己和家族並沒有丟臉。

一九八〇年，大衛帶著滿足和輕鬆，從大通曼哈頓銀行首席執行官的位置上退休。

在紐約的天際下

大衛・洛克菲勒在紐約這座城市成長。他耳濡目染父親對這座城市的貢獻，瞭解到小洛克菲勒如何積極參加城市教育、健康、住房、區域規劃和公園建設的工作，並因此受到感染。

成年之後，隨著事業的發展，大衛開始逐步投身到紐約市的公共規劃和建設中，期待著為這座城市塗抹上新的色彩。一九六九年，當大通曼哈頓銀行的新總部大廈逐層堆高之時，大衛計畫在曼哈頓中心區域建立「世界貿易中心」。在曼哈頓地價最高的區域，他計畫建起兩座摩天大樓。此時，納爾遜已經成了紐約州州長，在兄弟二人的積極合作下，一九七三年，巍峨的世貿中心屹立在紐約的天際下。直到二〇〇一年的「九一一」事件之前，雙子星都是紐約市重要的城市地標建築。

但大衛對紐約的貢獻遠不止於此。

一九五一年十月，大衛主持了晨邊花園專案計畫，在紐約打造了六棟合作式綜合公寓，可以容納將近一千個中等收入家庭。雖然這一專案經歷了波折，但最終還是成功了，透過這個項目，大衛學到了很多重要的東西：良好的組織機構和規劃的必要性、公司合作的不可或缺、將職權下放給員工的關鍵作用等。而這些都將在他以後的事業生涯中發揮重要的作用。

一九六八年，為了在下曼哈頓建設大通新總部，大衛找到市政府，希望他們能夠動遷或關閉希達街中的一個狹長街區。雖然主管城市規劃的官員同意這一請求，但同時也提出，華爾街的許多企業已經搬家或者撤離，如果之後這一趨勢正式確立，大通堅持留在華爾街就會被看成是錯誤決定。

那時的華爾街地區和今天的不同。金融區在下午五點之後就沒什麼人了，且顯得狹窄、骯髒。大通新總部建設起來之後，華爾街所處的下曼哈頓確實有所改觀，但如果基礎設施和公共服務得不到大幅度改善，企業外流現象就會越來越嚴重，最終影響到大通銀行自身的利益。

大衛接受了對方的建議，領頭組建了下曼哈頓市中心協會，並聘請了富有影響力的市中心上層領袖人物，包括摩根公司、國民花旗銀行、美國鋼鐵公司、紐交所的董事長或高管，以及其他類似地位的人物，大衛則擔任理事長。通過這一協會的有效工作，下曼哈頓區域得到了有效改造：清除了坍塌的橋墩和堤岸，興建公園、直升機停機場和船塢；對街道進行拓寬，從而有效改善公共交通；建設下曼哈頓快速通道，從而緩解交通擁堵；清理了東區被廢棄的倉庫和老式公寓區，建立擴大的金融服務業……

此外，理事會還向政府提出，要求其投入五億多美元的公共資金用以重建華爾街，這一計畫給紐約市的預算帶來了新增壓力，但在大衛的積極奔走下，這一計畫終於獲得了批准。就這樣，華爾街乃至整個下曼哈頓區，都得到了復興。

引領「國際主義」旗幟

退休之後，大衛．洛克菲勒有了更多時間參與到美國的對外經濟、文化交流中，他找到了最佳的工作舞臺：美國外交協會。

美國外交協會成立於一戰之後的一九二一年，最初創建該協會的目的並不是為了提高美國在國際聯盟中的地位，而是「為了持久地討論影響美國的國際問題」，因此，協會從一開始就避免在任何事務中採取特定立場。

從一九四九年開始，大衛就被推選進入協會的理事會，那時他只有三十四歲，是該協會中最年輕的理事，並且在之後的十五年內始終是最年輕的那一個。從二十世紀七〇年代開始，他對協會的領導結構進行了重大改革，聘用了史丹佛大學法學院院長貝里斯．曼寧擔任總裁，在貝里斯和其接班人溫斯頓．羅德的協助下，大衛的領導工作變得更為高效。

從退休開始，大衛就意識到，美國外交協會正面臨著來自研究機構、大學設施和智囊團體的激烈競爭。同時，電視的普及也拓展了大多數美國人的視野。如果協會想要繼續運行，就必須變得高瞻遠矚、反應迅速。為了應對挑戰，在大衛的領導下，協會啟動了二十世紀八〇年代項目，即努力去辨別能夠主宰未來國際事務的各個問題。隨後，協會更多地關注了地區衝突、軍備控制和軍事均衡等傳統國際事務領域，並圍繞人權與環境惡化、開發經濟學和國際貿易方面的棘手問題討論解決方案。

一九八五年，大衛從美國外交協會理事長的位置上退休，他的接班人是前商務部部長彼得・彼得森。彼得森促使協會制定了定期到國外考察的政策，這種考察是為了透過實地訪問來進行探索，從而對世界上戰略性地區的形勢進行評估。

在所有的訪問對象中，以色列和古巴是讓大衛印象最深的兩個。

一九九九年，大衛和協會人員從耶路撒冷驅車去往加沙，與巴解組織領導人阿拉法特進行午餐會談。大衛對阿拉法特的評價是個子矮小但聰穎機智，並且很有魅力。在談話中，阿拉法特堅持表示以色列必須從西岸撤出。回到耶路撒冷後，大衛又和以色列總理巴拉克進行了會談。兩次會談所傳遞的資訊，讓大衛覺得要實現中東和平，還有漫長的道路要走。

二〇〇一年，大衛在古巴政府的邀請下，經過美國國務院批准，訪問了哈瓦那。作為一直與美國關係非正常化的國家，古巴給大衛留下的印象還停留在二十世紀五〇年代，而這次訪問，他所留下的最深刻的記憶，還是關於卡斯楚的。從訪問當天晚上十一時開始，大衛和卡斯楚舉行了長達六小時的晚餐會談，那個夜晚，卡斯楚的講話從未停止。

大衛之所以喜歡接觸這些美國保守派眼中的「敵對分子」，在於他信奉的國際主義和建設性參與原則。他說，早在二戰期間，作為一名情報官員，他就懂得了自己的工作效益取決於是否擁有可靠的情報和有影響力的人際網絡。

大衛相信，多結識各國政商朋友，與他們建立持久的友誼關係，有助於實現事業目標，甚至還能讓個人生活得以充實豐富。為此，大衛建立了個人的檔案庫，用小卡片記錄了從二十世紀四〇年代起遇到的大多數人，這些卡片後來被電子化，裡面的資訊總共超過了十萬條，裡面記載了大衛與對方的第一次見面以及此後的見面，這樣一來，他不用再看見當事人，就能回憶起與對方的關係。

經由這種方式，大衛以自己為中心，構建起了環繞地球的強大人脈關係網。他因此而自豪，並認定自己是一名當之無愧的國際主義者。

向藝術致敬

紐約現代藝術博物館，坐落在紐約市曼哈頓第五十三街，是當今世界最重要的現當代美術博物館之一。最初，該博物館主要展示繪畫作品，後來展品範圍擴大到雕塑、版畫、攝影、印刷品、商業設計、電影、建築、傢俱和裝置藝術等。

今天，在川流不息前來欣賞藝術的人們眼中，這座博物館充滿了藝術的靈動之美，也流淌著全世界人類的創新追求，但很少有人知道，這座博物館與洛克菲勒家族有著不解之緣。

一九二九年，小洛克菲勒的妻子艾比與其好友瑪麗・蘇麗文、莉莉・布麗斯，共同投資建造了這座博物館，收藏品的管理也主要由小洛克菲勒提供財務支援。二十世紀四〇年代後，納爾遜開始負責這座博物館的相關事務，他親切地將之稱為「媽媽的博物館」。

納爾遜對現代和當代藝術品充滿熱情。他對這類在當時具有爭議的藝術形式傾心不已，主要購買和收藏的也是這類藝術品。在其一生的大部分業餘時間裡，他最喜歡的消遣內容就是研究拍賣目錄並細緻地找到競標目標。

納爾遜為紐約現代藝術博物館聘請的主任是勒內・德哈農柯爾特。勒內在二十世紀二〇年代移民到墨西哥，並成為研究南美洲藝術的專家。他受過良好的教育，相當有魅力。在勒內的領導下，他們搜集了大量非洲、大洋洲和中南美洲的早期藝術品，並在現代藝術博物館西部建立了早期藝術博物館，以展出這些藝術品。

納爾遜對博物館工作的熱情，改變了現代藝術博物館的面貌，使其更加貼近普通大眾，並走上了嶄新的道路。

一九四八年，艾比去世後，納爾遜邀請大衛進入博物館董事會。大衛感到有些缺乏自信，因為在一九三二年之前，除了偶爾參觀展覽，他和博物館並沒有什麼關係。隨著參與現代藝術博物館的管理，大衛夫婦開始收藏現代藝術品。他們購買的第一件作品是皮埃爾・博納爾的花卉繪畫作品，此後又開始收藏馬蒂斯的靜物作品。一九五一年，他們用五萬美元買下了雷諾瓦的《鏡中的賈布麗葉》，這件作品原本屬於巴黎的伯恩海姆家族，二戰期間始終保存在博物館中。買下這件作品後，大衛夫婦將其置於紐約家的客廳裡，妻子佩吉的少數親戚還對其裸體婦女的繪畫主題十分反感。到晚年，他們又將這件作品移到了哈德孫松林大宅的壁爐架上。

此後，大衛夫婦對印象派以及同期的法國藝術家產生了濃厚興趣，莫內、塞尚、庫爾貝、德拉克洛瓦等人的作品，逐漸進入了他們的收藏序列。塞尚著名的《穿紅背心的男孩》，就被大衛買下，隨後被捐贈給紐約現代藝術博物館。

值得一提的是，莫內最為著名的睡蓮作品，在當時並不受重視。大衛在專家的推薦下，意識到這些作品與抽象藝術的聯繫，於是他接連買下了三張。雖然這些作品尺寸龐大，但大衛還是在哈德孫松林大宅的樓梯口，為它們找到了合適的懸掛位置。

其實，洛克菲勒家族對藝術的鍾愛，還是始於小洛克菲勒。他的收藏趣味非常保守，只喜歡古典作品，尤其是掛毯、文藝復興時期的作品以及中國瓷器。而在藝術收藏方面，大衛的母親艾比名氣更大，她鍾愛亞洲藝術品，更喜歡佛教藝術，在她和小洛克菲勒的房間中，有一個專門的「佛堂」，裡面有許多佛像與觀音像，燈光被調得很暗，整個屋子彌漫著濃郁的梵香味道。艾比的妹妹露西，更是喜歡周遊世界，她到過北京和上海，在中國旅行的時候還遭遇過舉世震驚的臨城火車大劫案。獲救之後，她最難以忘懷的，卻是綁匪身上攜帶的一件玉佩。

一九五八年，納爾遜辭去了現代藝術博物館的職務，以便競選紐約州州長，大衛成為該館的最高管理者。不過半年之後，大衛的嫂子布蘭切特接任了董事長。直到一九六二年，大衛再次出任該博物館的董事長。一九六八年，過分的放權導致博物館在購藏和展覽計畫方面出現管理混亂的問題。為此，大衛創造性地解決了資金造血問題。一九七九年，博物館將這部分房產和開發權以一千七百萬美元的價格轉讓給信託機構，信託機構再將房產和權利出售給專門的私人公司——博物館大廈公司。在若干年裡，該信託機構將攤銷博物館新擴建專案的成本，博物館反過來再從信託機構裡租用大樓，每年租金一美元，租期九十九年。

一九八七年，大衛第三次執掌博物館大權，此前他面臨的最大問題是博物館空間不足。直到他卸任三年後，博物館買下了旁邊的多賽特飯店，空間問題才最終得以解決。

在大衛的生命中，除了他服務一生的大通銀行，藝術也是他難以割捨的事業。一百歲時，他還參加了博物館的年會。在離世之前，他還表示不希望其一生所創造的藝術寶庫會因為老一輩的離去而逐漸黯淡。

尾聲：恆久豪門

洛克菲勒家族經歷了三世，整個家族中出現兩位州長、一位副總統，還有許多知名企業家、社會活動家和藝術投資人。他們不為家族名聲所累，在各自領域奮勇搏擊，為整個家族在不同時期譜寫出一曲曲盪氣迴腸的讚歌。

不過，世界上沒有永遠偉大的王朝，當帝國霸業傳到了第四代兒孫時，時代發生了變化，情況也有所不同了。

洛克菲勒第四代共有五對父母，他們總共孕育了二十一個堂兄弟姐妹，其中三分之一是男性。令人遺憾的是，這二十一位傳人中，並沒有任何人在五六〇〇辦公室為他們的家族工作，沒有人想要成為小洛克菲勒、納爾遜或者大衛那樣的家族核心，對他們來說，無論是經營洛克菲勒中心，還是在基金會任職，都是過於沉重的負擔。相反，他們有著各自的愛好和事業，希望以私人身份走各自的道路，而不是以家族或機構代言人的形象出現在公眾面前。

在第四代子孫中，並沒有一個人能像曾祖、祖父和父輩那樣，創造出幾乎一統天下的托拉斯企業，或者投入十幾億美元在慈善事業中；也沒有人能建起像洛克菲勒中心、現代藝術博物館、林肯藝術表演中心、世貿大廈或者新華爾街這樣宏大的建築項目。

不僅如此，在第四代傳人中，甚至有不少人走上了反抗的道路，他們將家族擁有巨額的財富看作是羞恥的，認同社會的批評觀點，而選擇和家庭傳統徹底決裂。

勞倫斯・洛克菲勒的次女馬麗恩，就是其中的典型。受社會激進思潮的影響，她與家庭決裂，有一整個夏天，她都在一節破舊不堪的廢棄車廂裡生活。她嫁給了普通的哲學碩士畢業生，從事普通的勞動，在二十世紀七〇年代初，他們一家四口一年的生活費用控制在七百美元上下，這是一個世紀以來，第一個洛克菲勒家族的人，過著低於全國平均水準的生活。為了貼補家用，她幫助別人看孩子，做手工，在屋後的園地上種雛菊來出售賺錢。在鄰居們眼中，她只是普通的農婦，誰又能想到她的家族擁有上千萬美元的信託基金？

那些沒有如此激進的家族後裔，也選擇了某種程度上的脫離。許多女性深感這個姓氏成為負擔，紛紛選擇脫離。約翰三世的長女桑德拉率先公開宣布，自己放棄洛克菲勒的姓氏，也放棄屬於她的繼承財產。大衛的女兒佩吉也放棄了這一姓氏。家族裡更多的女性則是透過結婚來改變姓氏。她們所選擇的婚姻不是豪門眼中門當戶對的婚姻，她們希望借此擺脫原有的生活。不過，結婚雖然讓她們「愛上窮小子」，擺脫了貴族公主的陰影，卻也讓她們付出了情感上的代價。二十世紀六〇年代中期，家族第四代中結婚的七對夫婦，就有五對選擇了離異。

相比來看，堂兄弟們擺脫家族負擔的道路更為艱難。從上學開始，他們幾乎就能看到未來的工作，從大通銀行、洛克菲勒中心，到洛克菲勒大學、河邊教堂、現代藝術博物館，這些家族投資的產業，都等待著他們未來去服務。然而，他們卻最終走上了不同的道路。

納爾遜・洛克菲勒的長子羅德曼，是第四代中最年長的男性，他具有經營商業的才能，也對充當家族領導人頗有興趣。然而，父輩們經過商討，認為無論是他的個性，還是他的領導能力，都無法保證他能夠勝任這個職位。最終，羅德曼只是進入國際經濟合作銀行，成為房地產主任，後來成為公司總經理。

大衛・洛克菲勒的長子小大衛，一開始也被社會看作是大衛的繼承人，但他的願望卻並非如此。從哈佛大學畢業之後，他擔任波士頓交響樂團的協理，負責樂團營業和宣傳工作，成功地把進入家族事務的時間節點拖後了六年。辭去這一職務後，他抓住大通銀行業績不佳的藉口，對進入企業百般推託，最終成功地遠離了這一風暴中心。

總體上看，洛克菲勒家族的第四代成員面對厚望與責任，大多數人採取的都是拖延、觀望的態度。從心理學上分析，這也不難理解：如果一個人含著金湯匙出生，其父輩一般並不會要求他去面對外來強加的責任，他們反而會更加注重孩子的個性與喜好，讓其追求平等、自由。因此，第四代的兄弟姐妹們經常不約而同地在上學或畢業之後，專門抽出時間去默默地混跡在窮苦階層，從而更好地體驗人世間的喜怒哀樂。

值得一提的是，這種選擇並非是第四代洛克菲勒家族成員的逃避，而是另一種角度的進取，是為了尋求自我而付出的努力。如果從這個角度解讀，麥可・洛克菲勒的命運更加令人唏噓。

麥可是納爾遜的兒子，當他完成哈佛大學的畢業榮譽論文之後，他決定參加人類學科考隊，前往東南亞荷屬新幾內亞的河谷考察。出發之前，麥可就知道，他已經被父輩看中，內定為最適合擔任下一代家族領導的角色。然而，當他知道父母決定離婚的消息後，選擇了參加科考隊。

不幸的是，麥可和他的同伴在新幾內亞附近遇險。巨浪淹過他們的雙體船，引擎熄滅了。兩人在快要浸沒的船中度過了一宿。第二天，麥可決心游過十一英里的海面去求救，同伴勸他不要這樣做，告訴他這裡經常有鯊魚出沒。麥可卻毫不在乎地說：「我想我是能夠做到的。」一說完，就縱身躍入海中，從此再也沒有出現。

堂兄弟姐們是能夠理解麥可的一群人，他們決定共同出資，在哈佛設立基金，以表示對麥可的追悼。在宗旨說明書中，第四代洛克菲勒成員表明了共同的心聲：本基金設立的主要目的，是為了個人能通過與不同於自己民族的另外一種文化的民族交往，來發展他對自己和自己世界的理解。這與其說是基金會的宗旨，不如說是第四代洛克菲勒成員的心聲。

雖然第四代選擇了逃離家族責任，但他們沒有背棄家族信條。在洛克菲勒所有的後代中，沒有出現過一位浪蕩子弟，而過去熱衷藝術、喜愛慈善的家族優點，仍在發揚光大。

大衛的女兒佩吉，與父親共同創建了全球慈善家總會，其成員來自世界二十二個國家中六十八個最富有的家族，其中許多家庭成員都是世界各地最富裕的人。如今，這個富豪俱樂部的成員每年要交二萬五千美元會費。每年夏天，這些富豪會員都會在蒙大拿州佩吉家的大牧場進行為期一週的聚會，主要是在野外進行為期三天的露營。參加者或者禁食，或者只能吃一些水果和堅果，以此來完成慈善募捐。

除定期會議之外，俱樂部的成員要自費去拜訪各國政要與豪門，他們可能和查爾斯王子共進午餐，或者去喜馬拉雅山麓和不丹王室家族商討項目，也可能和墨西哥億萬富翁卡洛斯共同欣賞他的私人藝術博物館的館藏，這些活動都是富豪們自願自費的，最終目的是打造更大的慈善影響力。

與此同時，垂垂老矣的大衛也沒有停止慈善的腳步。

二〇一〇年，股神巴菲特和微軟創始人比爾．蓋茲聯合進行了「巴比計畫」：兩人將捐出自己大多數財富給慈善基金會，還要親自勸說四百名美國億萬富翁，要求他們發起慈善捐贈。聽說這個活動後，時年九十二歲的大衛．洛克菲勒也參與其中，這讓所有參與者感到了光榮，也讓巴菲特和蓋茲興奮不已。作為洛克菲勒第三代僅存於世的代表者，大衛的言行繼往開來，具有深遠的歷史意義。

當時間進入二十一世紀，隨著第五代和第六代洛克菲勒的登場，第三代老輩終於唱出了最後的離別詠嘆。

二〇〇四年七月十一日，勞倫斯．洛克菲勒在睡夢中與世長辭，享年九十四歲。

二〇一七年三月二十日晚，大衛・洛克菲勒在美國紐約州的家中於睡夢裡逝世，享年一〇一歲。他完成了曾祖父的心願，活過了一百歲，就此成為人類歷史上最長壽的億萬富豪。

此時，洛克菲勒中心早已幾度易手，與這個家族不再有絲毫關係。擁有三十億美元資產的洛克菲勒投資管理公司，依然在運作，雖然在今天的全美投資機構中，它已無法排到前列。然而，僅憑洛克菲勒的大名，這個家族所經歷、見證及創造過的一切，都將被永恆地銘刻於人的記憶之中。

成功講座 376

洛克菲勒家族傳

海鴿文化出版圖書有限公司
Seadove Publishing Company Ltd.

作者　王健平
美術構成　騾賴耙工作室
封面設計　九角文化設計
發行人　羅清維
企畫執行　林義傑、張緯倫
責任行政　陳淑貞

出版　海鴿文化出版圖書有限公司
出版登記　行政院新聞局局版北市業字第780號
發行部　台北市信義區林口街54-4號1樓
電話　02-27273008
傳真　02-27270603
e - mail　seadove.book@msa.hinet.net

總經銷　創智文化有限公司
住址　新北市土城區忠承路89號6樓
電話　02-22683489
傳真　02-22696560
網址　www.booknews.com.tw

香港總經銷　和平圖書有限公司
住址　香港柴灣嘉業街12號百樂門大廈17樓
電話　（852）2804-6687
傳真　（852）2804-6409

CVS總代理　美璟文化有限公司
電話　02-27239968　e - mail：net@uth.com.tw

出版日期　2022年01月01日　一版一刷

定價　360元
郵政劃撥　18989626　戶名：海鴿文化出版圖書有限公司

國家圖書館出版品預行編目資料

洛克菲勒家族傳／王健平作.--
一版，--臺北市 ： 海鴿文化，2021.11
面 ；　公分. －－（成功講座；376）
ISBN 978-986-392-394-7（平裝）

1. 洛克菲勒家族　2. 家族企業　3. 家族史

494　　110016193